书·美好生活
Book & Life

书，当然要每日读。

[日]香菜子 著
李力丰 译

美好生活手帖

用细节把日子过成诗

香菜子 life たのしいことを見つける暮らし

北京时代华文书局

序 言

我家一共有四口人：今年春季刚刚升入高中的女儿、上小学三年级的儿子、我先生和我。孩子们平常喜欢撒撒娇，十分亲昵地围着我喊“妈咪”。

即便每个人都有着不同的喜好。茶余饭后，一家四口还是喜欢凑在客厅，做着各自喜欢的事情，以打发闲暇时光。有人喜欢玩玩乐高，有人坐着看看电视，也有人随手翻翻书籍，时光变得闲适、悠长而宁静……

我理想的“家”就是这样一个可以让全家人都能充分放松下来的地方。或许家的意义会因人而异，但回归本质，皆是一种令人心安的情愫，所以我生活的目标就是经营出一个温暖、舒适、安定的家，能让全家人都待得舒心的居住空间，这里饱含不期而遇的温情和生生不息的希望。

如今，每日看到他们高高兴兴地回到家中。我便窃窃自喜，这个目标已经实现了。有时，他们还会主动招呼朋友来家里玩儿，似乎对这个家还算满意?

家中备有妈妈用心准备的美味食物，房间也收拾得整洁干净，我这个主妇内心亦没有一丝焦虑不安。能够打造出这样一种轻松舒适的家居环境对于提升所有家庭成员的幸福感来说都是非常重要的。

也因此，想方设法让我们的生活环境和自己都变得更加完美妥帖，便是件理所当然的事了。

在这本书中，香菜子汇集了各种能让平凡的生活变得丰富多彩的创意与巧思。愿你能以一种轻松愉悦的心情翻阅此书，对其中的创意巧思有所模仿和实践，并由此收获更多的喜悦与开心。

好东西就是要分享给所有人！如果你的生活可以因此而更加美好，于我也是件颇感欣慰的乐事。

喜爱附近的街巷！

尽管在现居的这栋房子里，已经住了差不多十五个年头，可我始终对附近的街道有着满满的热爱与欢喜。这一带虽说属于东京的繁华区，却常年绿树成荫，环境幽雅，既保留了古朴静谧的街道、传统的浴池等，也有着许多旧日风貌的店家。闲暇之时，我常常会在附近悠闲地散步，有时也会自在地踩着单车穿过大街小巷。在一种全然悠闲的情绪中，去消遣一个无事的下午。

享受悠闲生活当然比享受奢侈生活便宜得多，只需要有一种闲适的艺术家的性情。

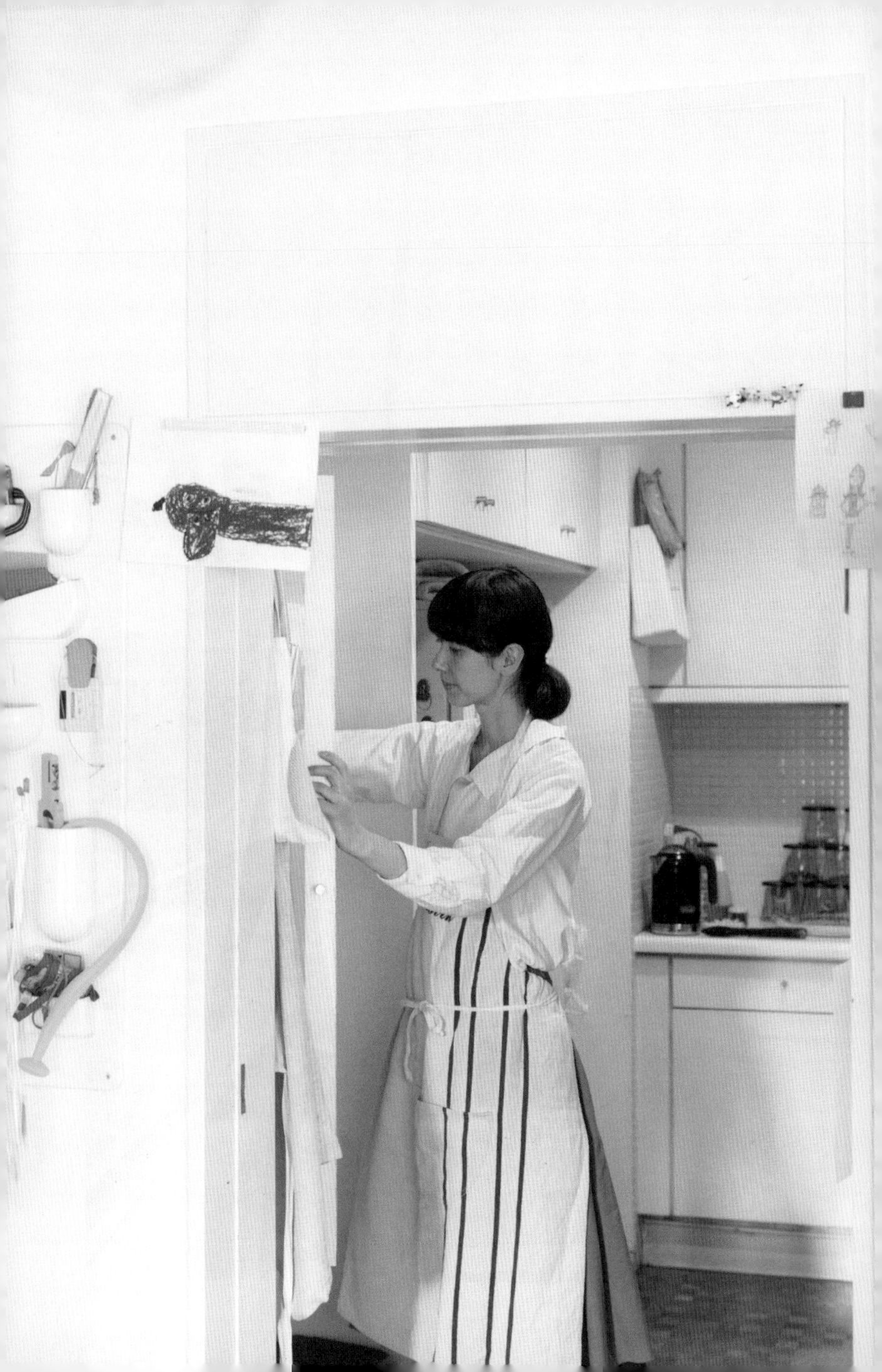

曾经用厨房的墙壁来测量身高的儿女们，如今也已长大，
女儿春季就要升入高中了，儿子也已经上小学三年级了。

目　录
contents

02 关于美食美味

——对生活，要有好胃口

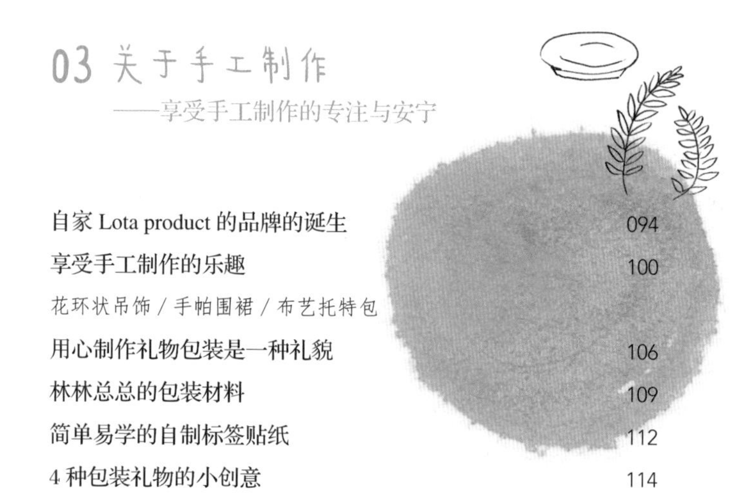

03 关于手工制作

——享受手工制作的专注与安宁

04 关于穿衣打扮

——穿得要让自己舒服，别人看你才赏心悦目

05 关于护肤彩妆

——用心打扮自己，愿你轻盈又矫健

专栏

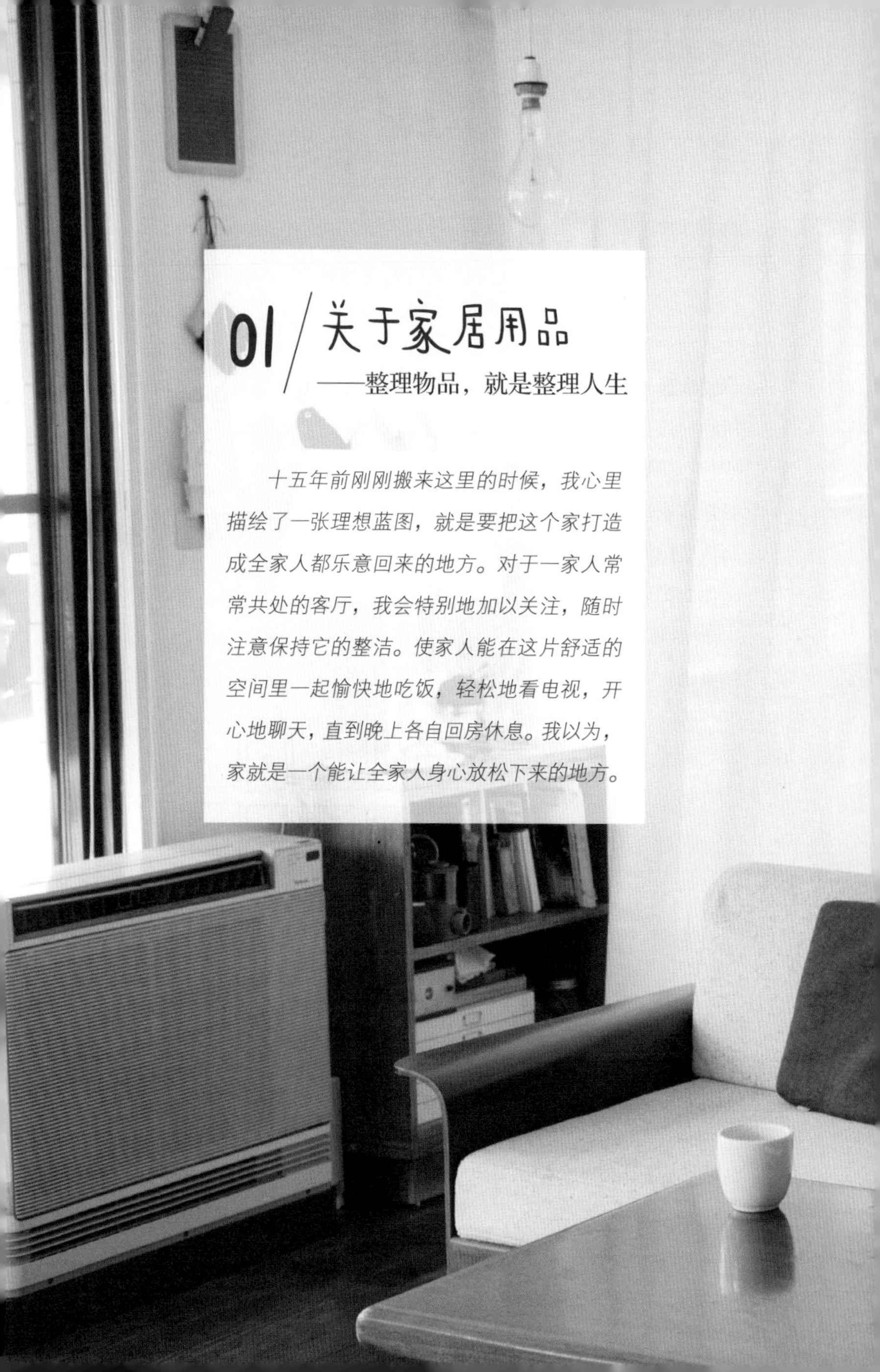

01 / 关于家居用品

——整理物品，就是整理人生

十五年前刚刚搬来这里的时候，我心里描绘了一张理想蓝图，就是要把这个家打造成全家人都乐意回来的地方。对于一家人常常共处的客厅，我会特别地加以关注，随时注意保持它的整洁。使家人能在这片舒适的空间里一起愉快地吃饭，轻松地看电视，开心地聊天，直到晚上各自回房休息。我以为，家就是一个能让全家人身心放松下来的地方。

2 February 2014
GDC

用心布置一个温暖的家

其实，在我第一次看到这栋房子的内部结构时，就感觉到光线是有些偏暗的，第一印象并不是特别地满意。但是，我先生在看过之后对它青睐有加，当即就决定翻修之后入住进来了。

选择这里的理由有很多，首先一点，就是因为它的面积宽敞。除了三室一厅加小隔间 119 平米的房子本身以外，由于这栋公寓建在了斜坡之上，附带的院子取代了一般公寓常有的阳台，所以特别具有开放感。

听说，房子本来是为外国人设计的。所以，里面的天花板超高，每扇门窗也是又高又大的，这也是最让我们感到心动的地方。

墙上本来贴着壁纸，因为时间久了，已经泛黄剥落，被我们重新刷成了白色。木地板保持了原样，没有改动；日式房间现在改做了卧房；茶室的墙被打通，现在改成了

在客厅+餐厅的部分，有一整面大大的落地窗，使室内与外面的庭院贯通成一个整体，颇有一种通透感。清晨，家人都外出之后，整个空间会显得格外静谧安详。到了夜晚时分，此处又会变身成气氛热闹的共处空间。除了院子里原本就有的猫咪和鸟儿，有时候，还会有花面狸和狸猫这样的客人不请自来呢！

工作间；还定制了一排超大的衣橱。翻修好之后，原有的家具刚好适用于这里，这套公寓也彻底变身成一个舒适明亮的空间。

打造合心合意的客厅

客厅＋餐厅是家中我最喜爱的一个空间了。不论是一日三餐也好，看电视也好，搭乐高也好，我们一家人时常开心地聚在这里，做着各自的事情。为了打造公共空间的整洁干净，我也和其他妈妈一样，定好了这样的规矩：玩具、书本之类的个人物品一旦拿进客厅里，就务必要在当天之内收拾整齐。期望客厅内总是可以保持整洁如初……当然，这还只是我的理想。现实当中，其实很难做到。有时候，我还会因为踩到乐高的积木块而冲家人发火。

墙上挂着的美国 General Electric 品牌复古挂钟，是在 ACME 购入的。

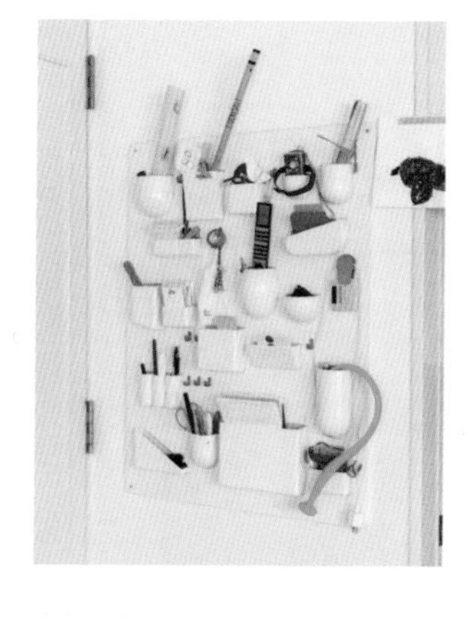

家中平常要用的各类小杂物，往挂在墙上的 Uten.Silo 收纳格里轻松一放就可以了！统一归拢在一处，就不必担心要用时，到处翻箱倒柜地找。像剪刀、笔和挂号卡等杂物，统统都收在了这个地方。

这张 HIKE 的北欧复古风餐桌，是朋友转手给我的。桌面可以自由伸缩，家里来访的客人多时，使用起来非常方便。

走廊上自带的超大壁橱

从房子的玄关处到客厅的走廊上装了一排超大的壁橱，是这栋房子自带的。衣柜既要有“外在”的优雅精致，还应具备“内在”的经久耐用。这排柜子刚好装在了浴室门口，用来收纳各式各样的毛巾、先生和儿子的内衣，以及书籍杂志和聚会用品之类的种种物件。收纳整理的诀窍之一，就是不要把里面塞得太满。一旦积攒了太多书籍杂志，就要全家一起出动，分工进行收拾整理了。在考虑物品是否应该被留下时，思考的主语是“我”，而不是物品。凡是不符合“现在正使用”“暂且需要”“需要永存”这三项标准的物品，都应该毫不犹豫地全部整理掉。这种“整理”并不是"这个也扔，那个也扔"，而是"有选择地留下发光的东西，这才是理想生活的开端"。

CORRIDOR

毛巾通常要尽量备齐素净的白色（但其实很难做到）。大的物品一般放在上半格，小的物品一般放在下半格。收纳时并不会特意细分，只要使用时便于迅速取出就可以了。

在走廊的收纳空间里，放入了每天要用的消耗品。至于厕纸、洗涤剂、饮料瓶（宝特瓶）等大一些的物品一般存放在储藏间里。

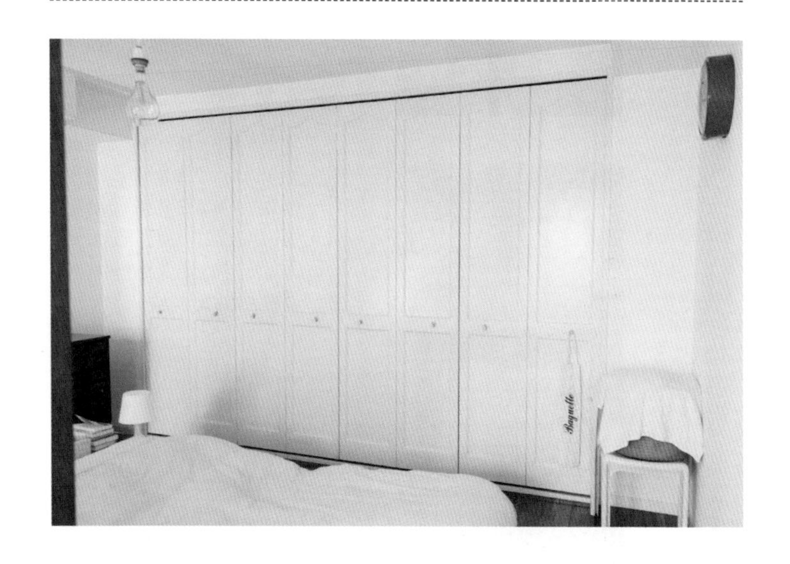

合理利用壁橱内部空间

壁橱与墙壁是连成一体的。关上壁橱的门之后，整个卧房看起来十分清爽整齐。一旦壁橱里面的衣物塞不下了，就到了需要清理的时刻。有时也会拿到二手货市场上处理掉（参照P47）。

卧房内有一整面墙的壁橱都是用来摆放衣物。壁橱的门是木纹的，为了配合墙壁，被我们刷成了白色。我跟先生两人合用，进深的尺寸很大，收纳能力堪称无敌。中间有很多架子和隔板，可以收纳的衣物包括：挂放起来的衣物、叠放起来的衣物，以及其他小件类衣物。所有衣物都分门别类地收纳在里面。壁橱内部基本上处于饱和状态。所以，我习惯了一拿出衣物来就马上整理好，以免把壁橱内搞得乱七八糟的。

收拾离不开思考，是一连串的选择和决定，也是一个人生活能力的证明。其实，不管多么凌乱的空间，整理都只是一种物理性的作业。东西毕竟不是无穷无尽的，只要能留下让自己心动的东西，给它们固定位置，整理工作就一定会圆满结束。

里面的进深相当大，可以分成前、后两个部分进行收纳。像针织衫或套头毛衣之类的衣物，要分门别类，按照颜色各自叠放起来。常用的衣服最好放在最前边。

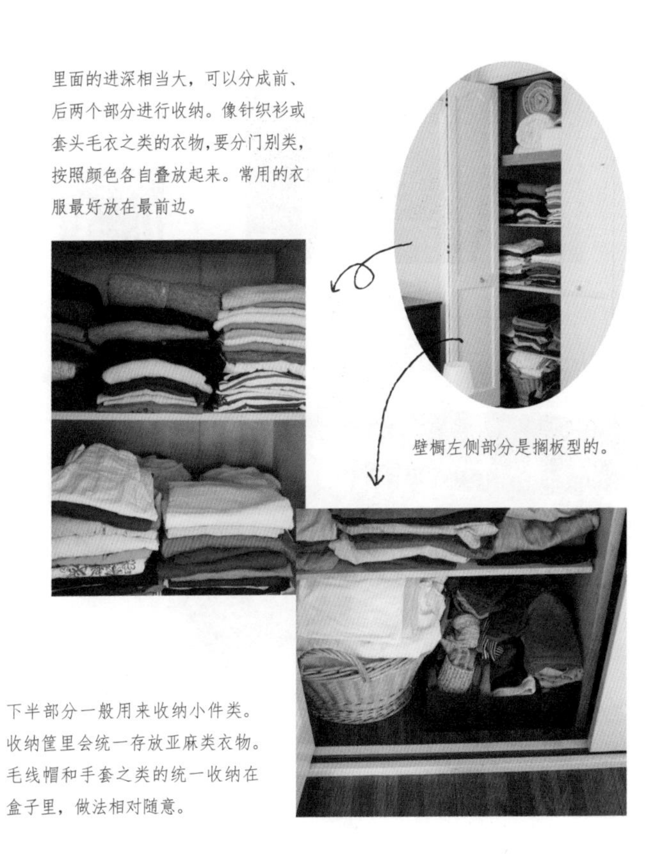

壁橱左侧部分是搁板型的。

下半部分一般用来收纳小件类。收纳筐里会统一存放亚麻类衣物。毛线帽和手套之类的统一收纳在盒子里，做法相对随意。

因为工作关系，有时候夏季里我也会宣传冬装。所以，大衣架上差不多一年四季都是这样一个状态。这些单个衣架是在宜家店里统一买回来的，用法轻松自由，外观整齐划一。买回来之后，感觉自己这个决定做得实在是太正确了。

衣橱右侧有一些隔板。

木箱上面摆放着围巾和披肩类。下面的箱里，规规矩矩地摆放着各种需要避免变形的出门专用背包。平常使用率不太高的背包都可以收纳在里面。

短款外套下面的死角空间里收纳着背包、围巾披肩等小件类物品。把柔和亲肤的大块披肩叠起来，柔软蓬松地堆在箱子上。需要使用时可以迅速取出，这种收纳方式特别简便。

皮带和大件配饰类统一收进抽屉内部。抽屉里面哪怕事先细细分好类，很快也会变得乱七八糟的，干脆就随心所欲地摆在里面了。

摆在床头的化妆台其实也是收纳空间之一。

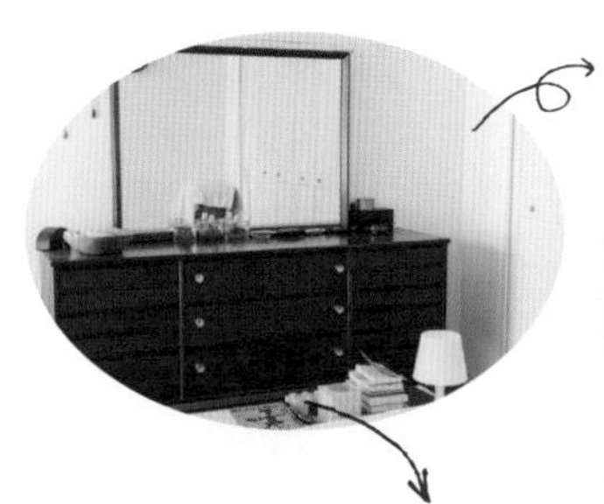

偏成熟正式一些的衬衫类衣物，需要有相对宽松的收藏空间，可以收入化妆台的大抽屉里。要注意的重点是，里面不要塞得太满，当心不要把衬衫类衣物压出多余的褶皱来。

一直以来，我都梦想着，有朝一日能拥有一间镶满小块瓷砖的浴室。所以，就把里面改造成了现在这个样子。可是，实际打扫起来却相当地费时费力！厨房里用的也是同一种瓷砖，都是2.5cm见方的。现在想想，也许应该跟娘家一样，选择10cm的就好了。我喜欢做别的事情时顺带做一下卫生。有时候，会一边泡着澡，一边清理一下瓷砖的接缝处。

家具·各类杂货用品

像浴室、洗手间、玄关，等等，家里各处色调基本上以“白色”为主。里面再配上各式各样的家具和杂货用品，家人们共同使用，增添生活的气息。在这里，方便实用才是最最重要的一点。因为全家共享，所以更要努力把它打造成舒适的起居空间。不过，像那种“必须如何如何”的想法并不合乎我的个性。所以，我只是在力所能及的范围内尽量自由发挥。这一理念也体现在了家中的每一个角落。看着家里一点一点被自己折腾成喜欢的模样，不仅节约了空间和时间，更多的是愉悦了自己的心情。

像沐浴露、洗发水之类的洗护用品，我会特意避开含有石油成分的，尽量选择不伤害身体和环境的温和型产品。现在常用的品牌是Marks Web。这个品牌独有的芳香气味也非常符合我的喜好。

泡浴的粉，我会选择有缓解疲劳和腰痛效果的。家中常用的品牌有Kneipp的尤加利浴盐、Bath Clean的效果汤，等等。通常我会把它们从买来的包装袋里倒出来，换装到自家的瓶子里保存。

ENTRANCE

玄关处设有现成的两只鞋柜，一大一小。里面的收纳主要分成两部分，包括我和女儿的鞋、先生和儿子的鞋。装饰台上面还散放着黄色的摆件，主要是考虑到风水上可以提升运势哦！

LAVATORY

不知不觉中，家里积攒起了许多绿色的物件。据说，风水上讲，洗手间里摆上绿色的物件可以祛除掉不好的气味。现在，我会有意识地选择薄荷绿色！甚至，连厕纸也是薄荷绿色的。

FOR GUEST

经常走动的亲友在家里留宿之际，可以把卧房里的沙发靠背直接取下来，再铺上被子就变身为舒服的床铺了。为了方便待客，最里面的宜家斗柜内部也是全空的状态。这样，客人在过夜时，就无需把自己的行李一件一件地拿出来了。

ENTRANCE

卧房里的床和沙发之间设置了隔断架。有位设计空间和家具的朋友开了一家制作公司，名叫 inu it furniture，这个架子就是请他们帮忙制作的。架子上面摆放着各式各样的藤编包，既是收纳，同时也兼做摆设。

家中照明设备的布置

在我家里，照明灯其实是一种用来放松身心的工具。吃饭时，我会稍微多打开一些照明灯，餐后则以间接照明为主，但总是习惯将灯光调暗一些，过于明亮的环境会让人无法沉静下来。平时，我很是钟爱柔和低调的光线。这可能也是因为家里的照明灯基本上都是以先生的喜好为主购置回来的，没有几样是我自己选的。荧光灯只用在厨房，客厅里主要使用三种不同的照明灯具。

这一款台灯罩是在宜家购入的，我很喜欢灯罩外壳采用的白色，十分干净。灯罩上面还放着孩子们在幼儿园里参加活动时制作的纸皇冠。

这款可以调节光线的落地灯，是在东急Hands店里购入的。这台落地灯发出的光线也是客厅里最亮的了。

墨鱼灯泡

这是一种经常使用在墨鱼渔船上的大灯泡。家里大大小小装了好多个。通常会把它们作为客厅内的主灯，尤其以餐桌上为主，用处很多。可能是因为插座与电线之间装了提高耐用性的芯片，至今为止已经连续使用了十多年，性能极其卓越。

珐琅吊灯罩

灯罩材质为珐琅的天花吊灯是在先生以前工作的地方使用过的。现在又拿回家里来，二次利用。据说，当初是在东急 Hands 店里购入的。

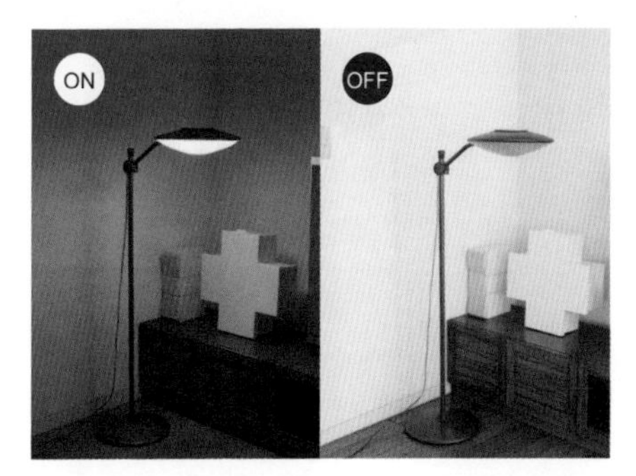

落地灯

这是一款在 ACME 发现的复古落地灯。它发出的光线既柔和低调，又舒适温馨。这台落地灯，最适合用作小憩片刻之际的间接照明。

这是在 Fog 店里遇到的帆布收纳筐。担心下一次去店里时会卖光，干脆一次性买了三只回来。

手工材料收纳在再生材料制成的空盒里，外面贴上手工制作的标签贴纸。特别喜欢一模一样的收纳盒并排摆放的感觉。

我最爱的工作间

我们搬进来之前，这个空间原本是作为茶室的。经过翻修，摇身一变成了我的工作间。在这间工作室里我最为满意的物件，是一张在宜家店里发现的2.5m长厨房用桌板。把它当做办公用的书桌，既宽敞又实用。右半边用于设计，左半边用于办公……朴素的设计传递出来的"安心感"、功能丰富的"便利性"、说不出的"融洽适合"以及在生活中"发挥作用"，这才是心中理想的“实用”。孩子们也很喜爱这个地方，时常会在这里做作业什么的。书桌两端还摆放着Bisley的书架，用于各类资料整理。

书桌下面也属于收纳空间之一，需要充分加以利用。因为先生公司的案头工作都是由我来全权负责的，相关资料全都收在了两端放置的Bisley文件夹里。

无需每天使用的重要文件，分门别类整理好之后，统一收在文件盒内。孩子们的资料也都收纳在里面。

铝制托盘类，按照种类、型号、数量等，齐全地摆放在了这里。举办讲习会时可以用它们分发材料，十分方便省力。

可变身的工作空间

在这个工作间里，我有很多不同的工作要做，包括：文案工作、绘制插画，以及收集零碎物件筹备讲习会、摊开大块布料进行缝制，等等。这个空间同时也兼做我的事务所以及工作室。这里的特点就是，可以根据工作内容，自由随意地转换风格。在工作过程中，有时要回到家中处理其他事务。因为有了这个空间，就不必每次都特意收拾整理，很是方便！

要制作大一些的物件，或者进行大量手工制作时，就会用到这张组合式工作台了。几只钢制的脚上盖上一张桌板，就成了简易的工作台。不用的时候，还可以拆开，分别收纳在储藏间里，保证空间足够宽敞。

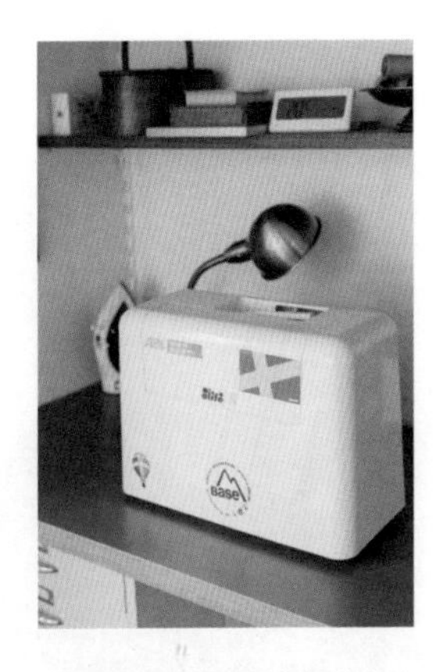

这台缝纫机使用率也相当高。除了 Lota product 自产的作品以外，孩子们在学校里要用到的各种物品和衣物等，也会在这里缝制出来。缝纫机是蛇之目出品的，是一台让我十分满意的好机器。

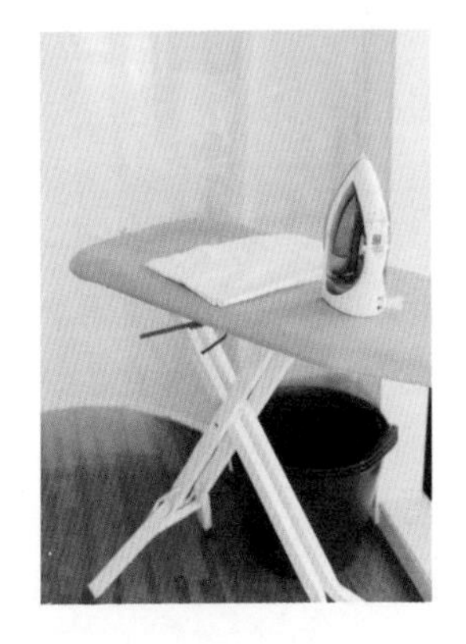

每日熨烫衣物的工作也是在这里进行的。这只大大的熨衣台，是在 F.O.B COOP 店里找到的。熨斗选用的是东芝标准型号，极其方便好用。

Miele 洗碗机

为什么要推荐Miele这个品牌呢？因为它造型简洁，质量结实，方便好用。机器里面的容量超大，还可以放锅具进去洗。这款Miele洗碗机堪称是我的最爱，这已经是第二台了。

必不可少的家务小帮手

家务当然是每天都要做的。下厨、洗衣、打扫，等等，每天要做的事情实在是太多了！要把所有家务完美地处理掉，着实不是一件易事。越是想要好好利用有限的时间，就越应当精打细算，好好安排。因此，我最喜欢的方式，就是“顺便”把某一样家务搞定。去阳台做事时，可以顺便擦擦玻璃；地板上洒上东西时，可以顺便把周围的地板擦擦干净。

假如下定决心一次性全部搞定所有家务，可能会让人感觉压力很大。而做其他事情时，顺便做一下某样家务，反而可以搞定很多细致的活儿。家务工具在这些场合中发挥着至关重要的作用，务必要认真挑选，最好以方便适用为着眼点。

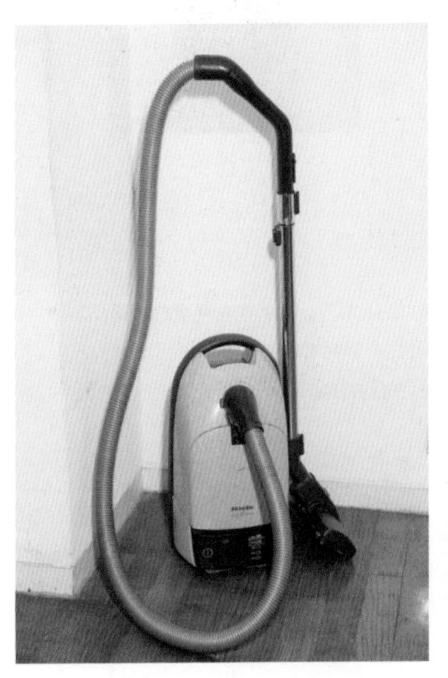

Miele 吸尘器

这台Miele吸尘器是朋友送给我的结婚贺礼，已经用了十六个年头。Miele Sunflower虽然有些沉重，但吸尘感特别良好，最重要的一点是经久不坏！有段时间我曾经被真空吸尘器吸引住了眼球。用过之后却发现，它们跟我并没有缘分。

松下洗衣机

很爱用这台9kg滚筒式洗衣干衣机。我个人喜欢衣物自然晾干，所以不大用它的干衣功能。洗衣机大小放在这个空间里刚刚好，款式简洁，节能省水，综合考虑了以上几点，选定了它。

洗衣用橡胶桶

英国制造的园艺用橡胶桶，在我家里可是人手一个！洗好、晾干之后的衣物分放在桶里。毛巾类由我这个妈妈来统一整理，其它衣物，自己的部分要由自己负责叠放起来。

可折叠式刮刀

人人熟悉的Olfa刮刀。地板等处残留的顽固污渍可以用这个刀具来轻松除掉。还可以水洗，随时能够保持清洁。

收纳盒

这只收纳盒给放在客厅里的儿童玩具和杂志提供了临时避难的场所。上面还要盖上布遮住。一般会放在沙发背后，是个隐形的存在。

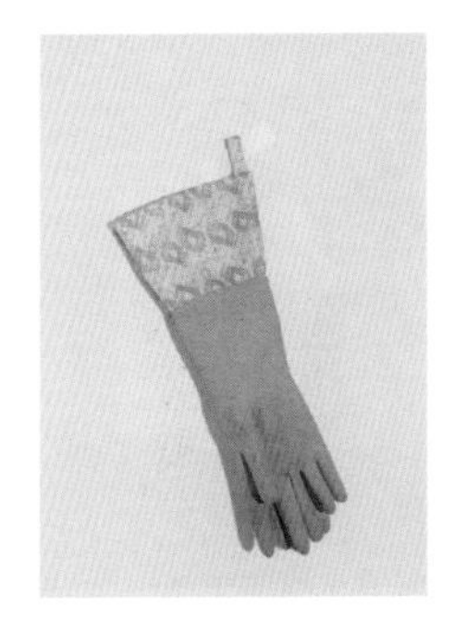

橡胶手套

使用强力洗涤剂时，务必要戴上橡胶手套保护手部皮肤。这款厨房专用手套是杂志*ELLE a table*和法国杂货店La Cocotte合力打造产品中附带的。

花园专用洒水壶

用这种洒水壶给院子里的各类植物浇水十分方便。有大、中、小各种型号。其中我最喜欢用的，还是这种复古风格的绿色洒水壶，是在东急Hands店里找到的。

百叶窗专用刷

这玩意儿是朋友送给我的。德国Redecker品牌出品，可以从里到外一次性把三片百叶窗清洁得干干净净。只要插上刷子滚动即可！轻便之处很值得称道。

超细纤维抹布

这是在支援残障人士的义卖活动中购入的超细纤维抹布。不但吸尘力超群，用来擦拭物品也非常方便。此外，我也经常使用 Seven Premium 的专用抹布。

碳酸氢钠水

现在做清洁工作主要用碳酸氢钠。把它用水稀释之后，装在喷壶里使用。遇到厨房里各处残留有油污时，只需咻地轻轻喷一下，油污就会自己浮起来掉落。

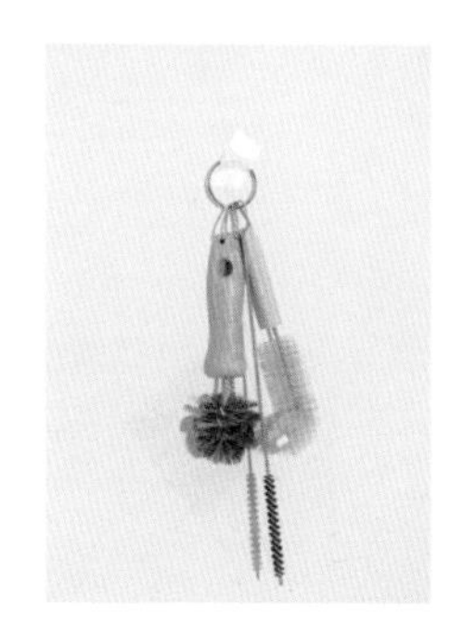

水槽专用刷套装

这是在 Illums 购入的 Redecker 刷子套装。可以用于清洁水槽和排水沟。用它长长的刷子擦洗污垢时，方便到让使用的人心情舒畅。一般用在洗面台处。

清洁专用桶

这种清洁专用桶是在杂货店购入的。个头相当大。用抹布或是室内拖鞋就可以稀里哗啦地洗干净。意大利制造的，既轻便又结实。

书桌专用扫把刷

这是一把打扫书桌时专用的小扫把刷，主要用来扫掉孩子们做完作业时留在桌上的橡皮屑和面包屑。它是用吸管材料制成的，富有弹性，随意使用也不会压瘪。

翻修院子的工作，前后共请了两家公司帮忙。遗憾的是，第一家当时并没有能够领会我们的构想……跟第二家充分商量之后，决定铺上我娘家那边铁路上常用的枕木。

香草一类的植物，其实并不需要特意打理，一般到了季节就会自己生长出来。像薄荷叶、芝麻菜、九层塔这些香草植物，还可以用在菜肴制作当中。

时常会把香菇、胡萝卜、萝卜之类的蔬菜晒成干菜来食用。材料的鲜香被晒干凝聚之后，口感要比之前美味得多，本来不爱吃蔬菜的孩子们也会争先恐后地把这些干菜吃下去。

院子里种上了各种花草植物。一到秋天，清扫落叶的工作量可着实不算小。照片中央的大盆里还有好多小小的真鳟鱼哦。

拥有草木葳蕤的小庭院

我们的房子原本属于一栋公寓楼，但这套房子还附带了一个院子。院子连着客厅，可以让人享受到一整片开放明亮的空间。院子里地面的材料我们使用了黑色的花岗岩，有泥土的部分则全部铺上了二手枕木。一般情况下我不会过度频繁地打理院子里的园艺。当初搬来这里时，草木荒芜，总感觉周围有种暗沉阴郁的气氛。如今，到了初春时节，风信子串串开放；及至六月时分，绣球花朵朵簇拥；等到夏天来了，还有香草茂密生长。不用什么高级植物，哪怕墙角一隅垂下来的藤蔓也能给整个庭院带来无尽生机。

专栏 Column

断舍离·一年一度的二手货甩卖

闲置不用的物品还可以拿去二次利用

不论是衣服鞋袜也好，还是杂货用品也罢，家中的日常物品总是越积越多。可收纳的空间毕竟是有限的。所以，定期整理自己的衣柜是必要的，俗语讲：连自己衣橱里不再穿的衣服都舍弃不了的人，怎么能舍弃自己的烦恼呢？不适合的，我们要学会放手，给培养自己的气质留足空间。另外，为了始终保持家居空间的清爽舒适，常年闲置不用的物品也要拿到二手货甩卖活动中，或是跳蚤市场上转手处理掉。这种时候，通常要全家出动，认真检查手里的每一样物品。虽说是二手物品，交给外人的时候，也希望传递一种干净愉悦的心情。所以，拿出去之前，一定要保证物品的外观状态良好。就在去年，全家人还一起参加了代代木八幡每年都会举办的咖啡厅Life二手货甩卖活动。那个时候，我还举办了讲习会。在这场活动中，家里的每个人都收获了愉悦和开心。

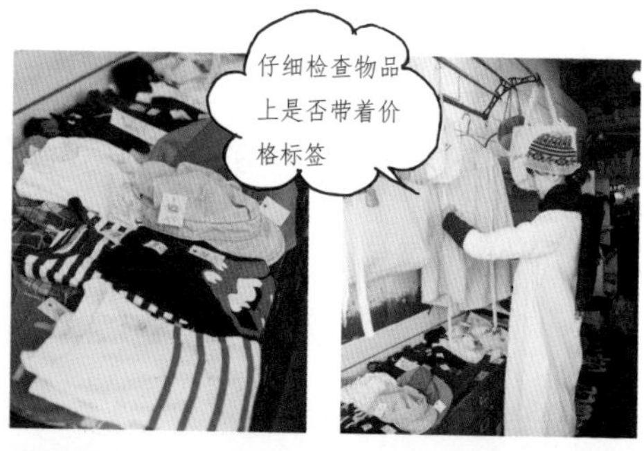

1 活动开始前的准备工作。这次活动，女儿也特意赶过来帮忙，全部准备停当。

2 这次我家主要是处理衣服鞋袜类闲置物品。现场有许多参与者摆摊。因为自己亲手制作了价格标签，一眼就可以看出哪些物品是自家的。

3 镰仓的“Pompon Cakes”限定第一天出摊！

4 Lota product 的商品也摆出来了。

3 | 2 | 1
5 | 4

8 | 7 | 6
| 9

5 Life 的独家杂货也展出了。

6 在讲习会上介绍布艺手镯的制作方法。在这里是作为商品摆出来出售的。

7 活动中有很多兴趣相近的人士。

8 切记零钱也要事先备足。

9 利用咖啡店门口搞活动，已经是每年圣诞节前后的惯例了。

Le Chef
Kristin

02 / 关于美食美味

——对生活，要有好胃口

把素材用心调制并用心享受就是美食。假如只有我单身一人，随便简单地凑合一下就好。可是，有家人在的话就行不通了，每一餐都要认认真真地下厨才行。村上信夫说：料理的最高境界是爱与真心。我也相信，情感会渗透到食物里，体贴和用心会体现在每一道菜里，我想让家人通过食物来品味出快乐、幸福和安定的滋味。正是因为这种用心，家人们的健康都得到了一定程度的保障。我不会刻意追求食材一定要怎样怎样做才好。大家能够吃得美味开心，才是最重要的。

厨房里的特别用心之处

家里的厨房，差不多是我个人专享的地方了（偶尔先生兴致来了，也会为全家人下一次厨）。在这片制造美食美味的空间里，我最看重的一点，就是操作上的便捷性。

烹饪好吃的食物需要舒适美观、操作性强的厨房，安静、实用，并配有合理的储物空间。厨房应该和整个家融为一体，给屋檐下的人提供充满幸福感的食物。

我家厨房里的收纳空间，包括餐具柜之类的，基本上都是房子原本自带的。为了避免忘记把食材和餐具及时收起来，一定要把它们放在伸手可及或是较为显眼之处。这是非常重要的一点。下厨时常用的平底煎锅和长方形厚蛋烧煎锅、牛奶锅之类的，可以直接挂在煤气炉上方收纳。V 形夹、厨房用剪刀也要挂在相对容易取放的地方。

考虑到使用上的随意性，家中常用的厨房用具还是要选择店铺专用类型，性能上绝对无敌！厨房用具天天用，

当然要用最好性能的。

在收纳的便利性方面，店铺专用即专业人士使用的厨具也因为便于叠放，值得推荐。因此，家里的厨房用具，我基本上都是去经营店铺专用工具的店里购置齐全的。合羽桥一带，如今也成了我闲暇时最爱光顾的地方之一。

特别喜欢熟食店里那种好多一模一样的容器并排摆放出来的方式，一旦买到很多同一系列的托盘类物件，我心里就会得意不已。

平底煎锅

可以直接挂在煤气炉上方收纳起来。

这只平底煎锅为宜家出品，用它做出来的松饼外观很是漂亮。煎荷包蛋或肉类时，也可以恰到好处地煎出焦黄诱人的颜色来。买回的铁煎锅只要好好保养，可以使用很久呢……

玻璃罐

之前，听说长野县的著名杂货店品牌 Haruta 在神田的 mAAchecute 也开了一家分店，

跑去分店里闲逛的时候，一次性买回了这些玻璃罐。这几只罐子里，分别存放了盐、糖、咖啡和茶叶等食材。使用它的最大好处，就是里面存放的食材余量看起来一目了然，绝不会忘记使用。

得心应手的厨房小物

每天下厨都要切、拌、炒、洗……说到厨房里的工具，我还是喜欢专业店铺里使用的类型。比方说V形夹，曾经有过一次心血来潮，试着换成了具有一定时尚感的进口货，结果用起来却发现完全不顺手，家里人对此也是诸多抱怨。通过这次教训，我再一次深深体会到了专业用厨具的方便好用。它们尽管外观看上去简洁朴素，实际用起来却方便顺手。如今它们已经成了我最爱使用的厨房工具。为了保持厨房里一贯的白色洁净空间，我通常会尽量选用白色、黑色、银色等颜色素净的工具（偶尔也会用橙色什么的来提升一下心情）。我相信，幸福的家便是来源于对这些生活细节的注重，色彩的和谐、物品的朴素协调，这些不起眼的细微处，才能真正提升生活的品质。

结婚时收到的贺礼——菜刀和砧板

这是结婚时，母亲送给我的菜刀，以及做木匠的叔叔亲手为我制作的桧木砧板。这张砧板已经请人重新切削过几次，比起当初小了差不多有一成的样子。两样都已经使用了差不多有十五个年头了。

吐司机

很早就想要添置这样一台自动吐司机回来了。这台Russell Hobbs品牌复古风格吐司机是用信用卡上的积分换回来的。

电水壶

这是用信用卡积分换回来的De'Longhi电水壶。这只电水壶在仅仅需要少量热水时，十分方便好用。

厨具专用收纳筒

这是法国Emile Henry品牌的厨具专用收纳筒，专门用来收纳炒菜用的筷子以及大汤勺一类的工具。收纳筒的品质十分出色，非常结实耐摔。

定制的小物件

这是请ZUBO UNIT ZERO公司帮忙制作的Staub锅具专用蜡烛加热器、咖啡滴壶架，都是按照自己的设想定制的。

面包盒

这只银色的面包盒是在ACME店里找到的。当初购置它回来，主要是为了盛放面包。现在把它放在灶台上，用来放入各类食材。

厨房料理机

这台Cuisinart品牌多功能型厨房料理机，在制作饺子和蛋奶派的馅料时，可以大显身手。平常不用时，就会直接摆在置物架上。

野田的珐琅方盒

这是自己最最爱用的野田珐琅带密封盖纯白系列方盒。一般，一次性会买回很多个同款方盒叠放起来！不论是拿来制作菜肴，还是用于存放食物，都十分方便好用，堪称厨房神器。

华夫饼机

这台Vitantonio品牌华夫饼机还可以烤制三明治呢。刚买回家里来的时候，曾经兴致勃勃地用它制作了好多美食。如今，节假日里制作早餐之际，也会经常露面。

餐具和餐具柜

我家里一共有两排超大的餐具柜。一排是厨房里原本附带的白色大餐具柜。另一排则是放在餐厅里的美式复古风餐具柜。

日常使用的餐具全都放在白色的柜子里，来客使用的餐具一般收在餐厅的柜子里。两排柜子里面总是摆得满满当当的。要想添些新品回来，必须处理掉一部分旧的餐具才行！

餐具柜里装的全都是长期用顺手的餐具，每一件自己都爱惜有加。于是乎，再在店里遇到新的、漂亮的餐具时，心中总是百般纠结。可是，大多数时候还是会把它们也买回来。我就是这么钟情于这些陶瓷器皿。

之所以会这样，也可能是因为，我的叔叔本身就是一名陶艺家，从小我的生活里就到处充满着陶瓷器皿吧……？而且，我自己在大学里学的也是陶艺专业。在我家里，既有自己亲手烧制出来的陶瓷器皿，也有朋友为我烧制出来的瓶瓶罐罐。

同样地，我也特别喜欢酷似理科实验里经常用到的那种玻璃制品，常常会为了如何把餐具收纳得整齐美观，而绞尽脑汁想出各种创意。我想，美食盛放在美器之上，美味也会格外不同的吧。

用餐完毕，再把这些可爱的碗盘洗得干干净净，统一整齐地收进餐具柜里。整个过程都是如此地让我欢喜。

我一向沉迷于在每一个小小的地方用心，这种仪式感与刻意、矫情、做作、虚伪无关，它是你热爱生活的一种方式。生活本身就摆在那里，你对于生活的付出与热爱，值得你这样庄重地吃每一餐饭、过好每一天。

餐具的完美收纳法

在这方面，我其实并没有什么特别在意的地方。自己一向坚持的收纳原则是，陶瓷器皿就要跟陶瓷器皿收纳在一起，玻璃制品就要跟玻璃制品放在一起，分门别类地收纳所有餐具，才能井井有条。我会把同样的碗盘叠放在一起收进餐具柜里……单是全家人一日三餐要用到的餐具，就可以把厨房里的白色柜子塞得满满当当的了。至于红酒杯和日式茶杯之类来客使用的餐具，一般收纳在餐厅的柜子里，还可以兼做装饰。真正整洁干净的餐厅，可以将美感和收纳融为一体，并发挥到极致。

餐厅里摆放的餐具柜，在构造上相对特殊一些：只有中间的柜门可以打开，两边全部都是固定好的。装在柜子下面的抽屉，收纳能力也相当超群。

常用的餐具收进厨房的餐具柜里

经常要用的餐具务必放在伸手可及的地方。使用频率偏低的碗盘，可以放在上层。家里的陶瓷器皿里面，有好多都是自己亲手烧制出来的。我会尽量选用上面没有图案的，偏素净一些的款式。

这一排大大的餐具柜高度直达天花板，收纳能力超群。据说，这栋公寓楼里面，每户家里都是预先装好了的。位置就在煤气灶台正后方。需要使用时，一转身就能拿到里面的餐具，很是省时省力。

外观酷似化学实验室里专用的玻璃制品

小泉玻璃公司是一家专门制作理化研究用玻璃制品的公司。这些漂亮的玻璃制品，全都是我在小泉每年举办的开仓甩卖活动中缴获回来的战利品。每一样都是自己特别爱用的，我会在浅碟里面放上些香辛料，在三角锥形瓶里面装入些豆子。

茶杯统一收纳在抽屉里

茶杯类一般统一叠放，收纳在抽屉里面。这是借鉴了一位亲戚的做法。只要一拉开抽屉，里面所有的茶杯都能一览无余，而且很是方便取放，也称得上是一种一箭双雕的收纳方法吧。

厨房门口还摆着一排餐厅里专用的美式复古风餐具柜。这排大柜子是结婚时收到的贺礼之一。柜子最上面还摆着土地神符纸。

美与实用兼具的器物

在我家里，实在是有着太多的餐具了。现在就给大家介绍一下从里面精挑细选出来的一部分碗盘吧。仔细端详一下，“这一件是专门装炖菜用的碗”，“这一件是专门盛松饼的盘子”——就是这样，每一样菜肴基本上都会固定用某个餐具来盛放，比起那些造型“精致”的餐具来，我个人会更钟爱线条简洁一些的款式。

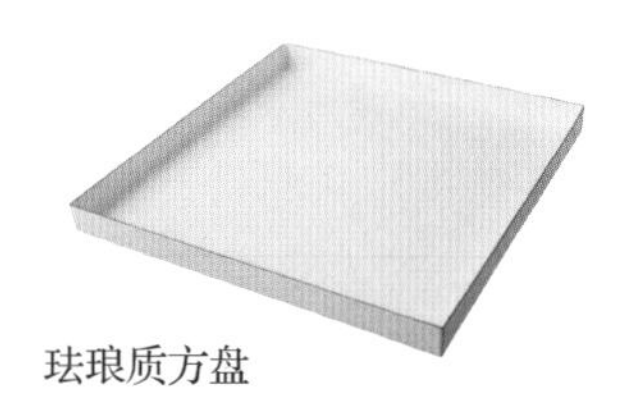

珐琅质方盘

在家里吃涮猪肉时，我会用削皮器把食材切成薄片，按纵向码好盘，美美地端上餐桌。这样摆放整齐的话，即便上面装的并不是什么高级食材，也会让看到的人拍手称赞。这种45cm左右的珐琅大方盘，是从仓敷意匠店里淘回来的。

小碗

这套小碗是在12～13年前在Madu买回来的。当初购入的时候，本打算作为荞麦面碗使用，可惜不小心打碎了其中的一个……大小其实也刚刚好，现在我一般用它来搅拌纳豆、在米饭上放鸡蛋。

小号食盒

这只食盒是一位年轻漆器匠人的独家作品。我一般会用它来盛放菜肴、装入便当，带去参加运动会。当初是在表参道Neal's Yard的Brown Rice Cafe销售专柜购置回来的。

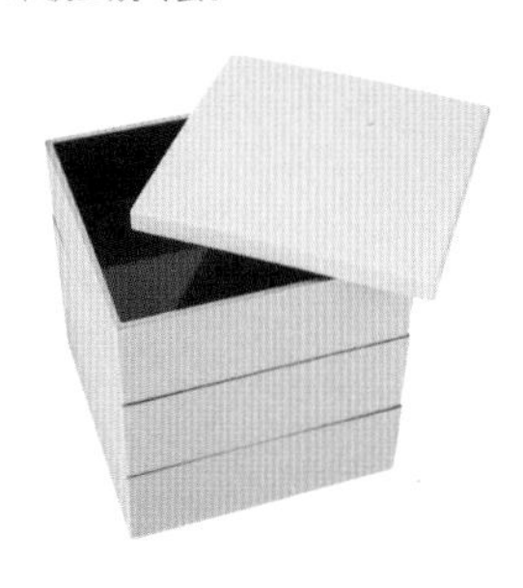

玻璃容器

这只玻璃容器是一位日本制作者的作品。虽说是手工吹制而成的，外表看上去却有一种工业品的硬朗气质。当时是两只成套购入的。用来做杯子似乎稍嫌大一些，我经常把一些腌菜盛放进去，效果很是不错。

中碗

这种稍深一些的中碗，本也属于荞麦面专用套装的一部分，购置的时候还附带了荞麦面碗等。不过，我一般单独用它来盛放各种蔬菜或炖菜。这种厚墩墩的风格真是让人大爱啊。

大碗

这件大碗是在以前工作过的陶艺学校得到的礼物。是由一位居住在朝雾市的制作者亲手做的。里面尤其适合盛放一些炖芋头之类的炖制菜肴。大碗上面绘制的墨鱼图案也可爱得很，日常中使用频率非常高。

玻璃碗

这一件是芬兰Iittala的Flora系列玻璃碗。以前家里原本只有小号的，前几天竟然在二手店里发现了大号的！家里水果多的时候，可以挑选一些五颜六色的果实放进去，骨碌骨碌的，视觉效果相当诱人。

玻璃瓶

这是在目黑CLASKA Gallery & Shop “DO”购置回来的玻璃瓶，大小恰到好处。我经常在开红酒瓶之际，把它作为换瓶时的代用品。价格大概在2000日元左右。

真鳟鱼盘

这一件在吃日式料理时可以作为夹菜的盘子使用。胎釉独有的黄褐色光泽深深吸引了我的目光。甚至，院子里养的小真鳟鱼苗居然也不经意地画在了上面，深得我心。

小小围裙好比家务的开关

包括Lota product的自家产品在内，我家里一共有七条围裙。由于经常要在家里工作和做家务，为了转换自己的心情，做家务之前，我一定会系上一条围裙。

要是下厨之前没有系上围裙，我总会觉得好像没有用心制作美食的心情。选择围裙的一大要点是，材质一定要是能够随意清洗的。

我通常会选择一些不带褶边和蕾丝的，不会太过可爱的款式。面料也多是选择纯棉或亚麻的质地，带子要不粗不细，刚刚好。

有时候，也会根据当天的衣着来搭配。系上围裙的好处之一是，当家里突然来了访客或是快递员的时候，穿着它去门口接待，看起来还挺像回事的。

我有个不好的习惯——总是会用手去蹭围裙中间的部分。所以，每条围裙都会在同样的地方沾有些污渍。每次用完之后，我习惯把围裙清洗干净，卷起来收到箱子里。使用后的物品及时收纳，这也是保持家居环境时刻整洁的关键。

下厨之前，还要来上一杯红酒。这也是我从工作模式转换到家务模式的开关之一。

围裙的一星期穿法

其实，并没有特意规定每条围裙一定要干什么家务用。但是，我会用围裙进行搭配。小小一条围裙，只要系上身，做家务的热情就会呼地一下子涌出来，实在是不可思议。

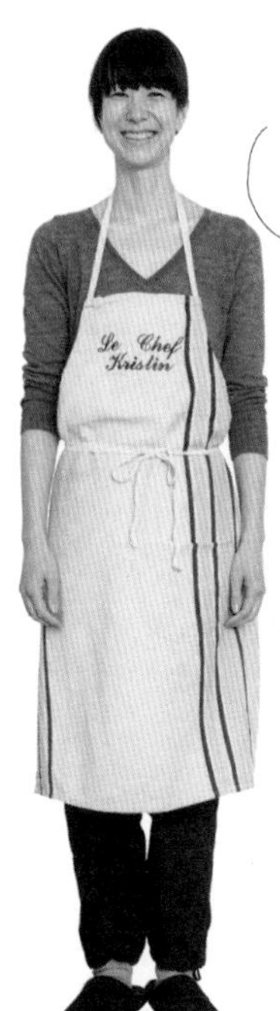

围起来最让人感觉舒适的面料，还要数柔软的亚麻！

星期一 MON.

一周开始的第一天，当然要围上这条陪伴自己时间最久的围裙了。这条亚麻质地围裙是十多年前在杂货店里淘回来的。上面的LOGO据说是用法文刺绣的，一直是我的最爱。

星期二 TUE.

这一条麻色围裙，是朋友送给我的礼物。上面的带子细细的，给人一种纤细柔弱的感觉。款式十分简洁大方，可以跟其他几条长款围裙轮流使用，随时变换花样。

裙面较短的围裙

关于手帕围裙的做法，具体参见P103！

星期三 WED.

用大号手帕简单改造而成的自制围裙。系上它后，其实能围住的面积并不算大，却可以充分利用到手帕上面的大片图案。跟黑色搭配围起来，既能隐隐透出一丝女人味，又可以带着一点雅致的感觉。

自己亲手设计出来的款式，超级好用

星期四 THU.

Lota product 品牌自产的围裙。这是第一代产品。当时，每一件可都是我自己用缝纫机一针一线地亲手缝制出来的哦。现在数它的使用频率最高，已经磨损得很严重了，被我保养得十分柔软。

星期五 FRI.

还是星期四的同一条围裙，只不过换了一种不同的围法。想要轻松迅速，手脚麻利地处理家务时，就把上半截折进去之后再围上身。还可以围成工友围裙风！

把左边的围裙折成半截之后再围上身

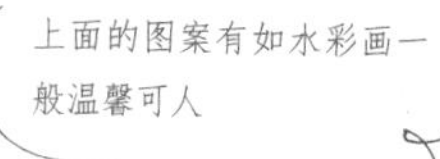

自己亲手设计出来的款式，超级好用

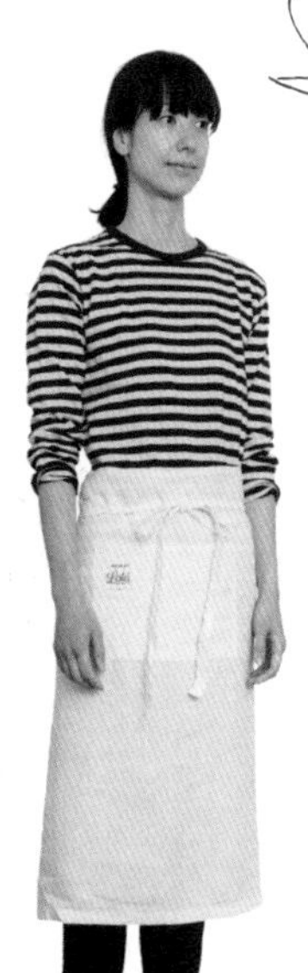

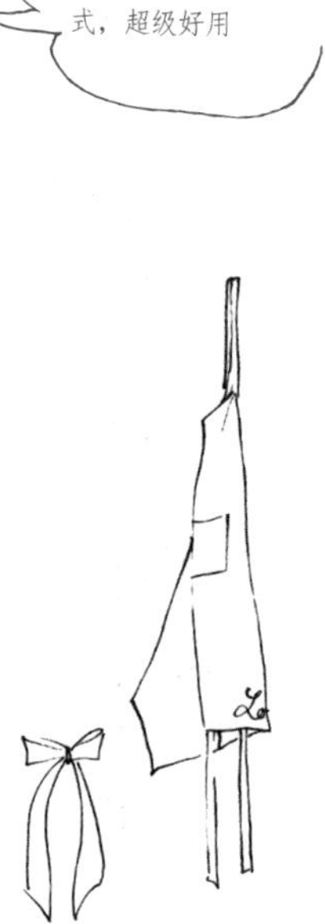

这是朋友去L.A. 旅游回来之后送给我的一件礼物。围裙的特点是100%纯棉制，上面绘制的图案风格很是温馨。这一条跟星期四和星期五所穿的围裙一样，都可以把上半截折进去一半之后再使用。

这一款也是Lota product 自产的产品。一共推出了三种款型，这一款是第二个上市的。这款围裙的卖点是长长的裙面和大大的口袋——号称“哆啦A梦的口袋”呢。制作上使用了薄款亚麻面料，既轻盈又柔软，很是推荐。

分享家里的固定菜式

家里两个孩子总是不喜欢吃各种蔬菜。只要餐桌上摆了凉拌蔬菜或是炖煮蔬菜，总是不爱动筷。为了想办法让孩子们多吃一些蔬菜，我绞尽脑汁研究了许多食谱，总结了一些美味可口的蔬菜做法。

平时最爱的固定菜式包括用到很多蔬菜的西式蔬菜浓汤和菠菜培根蛋奶派。像这样的菜式，孩子们就会高高兴兴地吃下去，还吃得很是香甜呢。

对于孩子们日常的三餐饮食，我尽量不去讲究什么“食材必须使用有机的”“每天必须自己亲手下厨”或者“必须这样做那样做”之类的教条。

偶尔，家中的餐桌上还会出现一些快餐食品，也会带回一些外卖的现成熟食。最重要的一点是，孩子们能够吃得开心、美味、规律。

不过，我倒是特别注意孩子们用筷子的礼仪，吃饭时，是绝对不能吧嗒嘴的。

日本有句俗语：从一个人拿筷子的样子就能看出他的出身。教导孩子从小把得体的餐桌礼仪内化成修养的一部分，让它们会像呼吸一样变成一种本能反应——得心应手，优雅自然，对我来说，是比美食更重要的事儿。

每次，一在客厅里的小黑板上写出当天的菜单时，孩子们就会高兴得手舞足蹈起来。

西式蔬菜浓汤

这是用西芹、大葱、角瓜（或茄子）等多种蔬菜制作而成的一款西餐汤。如果家里有香肠碎的话，汤味还会更加鲜美。最后，还可以撒上帕尔马干酪和橄榄油！

做法 How to

1 材料A要切成1cm见方的丁。

2 在深一点的锅里把橄榄油烧热。将材料A逐个倒入锅中，依次翻炒。再加入麦片。

3 在2中加入水、日本酒、桂皮、糖等，煮至软烂之后，加入固体清汤料。

4 在3中加入咖喱粉、番茄酱等，可以根据口味加盐。

5 吃之前，可以根据个人喜好，撒上帕尔玛干酪、橄榄油等。

材料（4人份）

A
- 大葱（葱白部分）1根
- 角瓜1根
- 胡萝卜1/2根
- 彩椒（红或黄）1个
- 西芹1/2根
- 卷心菜1/8个
- 土豆1个
- 香肠碎6-8根

橄榄油3大茶匙
麦片3大茶匙
水700ml
日本酒1大茶匙
桂皮1片
糖1把
固体清汤料2个
咖喱粉1把
番茄酱1大茶匙
盐适量
帕尔马干酪适量
橄榄油适量

菠菜培根蛋奶派

想要孩子们多吃菠菜时，我就会把菠菜做成蛋奶派。这样，他们就会乖乖地多吃一些蔬菜了。只要配上蛋奶派，哪怕有蔬菜沙拉，孩子们也会高高兴兴地吃下去。用各种食材实验多次之后，我发现这道菜始终是家里两个孩子最爱的一款。

材料

（21cm 特氟龙涂层圆形烘焙模具）

冷冻派饼皮 2 张
菠菜 2-3 把
黄油 1 大茶匙
培根（切丝）80g
盐・胡椒少许
鸡蛋 2 个
鲜奶油 100ml
牛奶 100ml
盐・胡椒・肉豆蔻少许
披萨专用芝士 50g

做法 How to

1 冷冻派饼皮要记得事先放入冰箱冷藏格内解冻好。

2 在模具内摆入两张现成的派饼皮，用手指把饼皮铺开摊平，盖上保鲜膜放入冰箱内，冷藏 30 分钟左右。

3 用叉子在饼面上戳出足够的排气孔。上面再铺上烘焙专用纸，镇上重物，放入加温至 180℃的烤箱内烤制 20 分钟左右。除去重物和烘焙用纸之后，还要再烤制 5 分钟。

4 菠菜要先在加盐的水里焯过，挤净水分后，切成 3cm 左右均匀的小段。在平底煎锅内放入黄油，把菠菜和培根炒过之后，加盐和胡椒。把多余的水分倒掉。

5 碗内加入鸡蛋液、鲜奶油、牛奶、盐、胡椒、肉豆蔻等材料，搅拌均匀后备用。

6 把 4 加入烤好的 3 中，上面再撒上披萨专用芝士，缓慢倒入搅好的 5。

7 放入加热至 180℃的烤箱，烤制 35 分钟左右即可。

担担味噌汤

这款味噌汤里面，还放入了很多莲藕、胡萝卜、芋头等根茎类蔬菜，吃过之后可以使全身都暖和起来。这款汤的口味本来是辣的，给孩子们吃的话，就不用放辣椒了。如果是大人吃，可以过后再加入一点儿辣椒粉。

材料（4人份）

鸡肉馅 200g
莲藕 150g
胡萝卜 1根
葱 1根
芋头 3个
香菇（晒过半天的）3朵
魔芋 1块
香油 2大茶匙
高汤 700ml
调制味噌酱适量
日本酒 2大茶匙
黑糖 1把
鱼露 1/2大茶匙
黑芝麻酱 4大茶匙
辣椒粉适量
葱（切葱花）适量

做法 How to

1 把莲藕和胡萝卜切成块儿，葱切成2cm长的葱花备用。芋头削去外皮，切成1cm左右圆片，用盐水搓洗干净，冲洗后备用。香菇撕成一口大小的块儿备用。魔芋切成一口大小的块儿，用沸水过一遍，撇去浮沫备用。

2 用深一点的锅把香油烧热，倒入鸡肉馅翻炒。

3 把莲藕、胡萝卜、大葱、芋头、香菇和魔芋等材料放入2中翻炒。

4 在3中加入适量高汤，煮至软烂后，加入日本酒、黑糖、鱼露等。按照制作味噌汤的步骤要领，根据汤的咸淡，再放入适量味噌酱。

5 把黑芝麻酱加入4中，调匀即可。吃之前，还可以根据喜好，撒上辣椒粉、葱花等。

自制味噌酱

父亲一向不喜在外就餐，家里的腌菜和味噌酱多年来一直都是母亲亲力亲为的。从前年开始，我也试着挑战自制味噌酱。味噌酱的用料包括，日本大豆2kg、酒曲、盐。蒸制时间需要很久，光是浸泡大豆这一项重体力劳动，就要花上一整天时间！从二月左右开始制作的味噌酱，在发酵十个月之后，也就是到了十二月左右才能够端上餐桌食用。一般发酵时会使用大一些的缸，我也会把它分装在野田珐琅系列的带盖密封方盒里。自从自制了味噌酱之后，儿子居然开始喜欢喝味噌汤了。有时候，我还会把它跟脱水酸奶拌在一起，做成沙司。自制的味噌酱继承了母亲才能做出的熟悉味道。今后只要时间允许，我也打算一直坚持做下去。

制作美味干菜

干菜我有空时经常会制作。这也是帮助两个孩子克服不爱吃蔬菜的一个手段。充分晒干之后的蔬菜里面，美味和营养都更加集中。与新鲜蔬菜相比，干菜的味道格外香甜，孩子们也十分乐意吃。顺带提醒一句，干香菇在晒干水分时一定要恰到好处，这样才能充分发挥它的美味。

香蕉蛋糕

这是我从念初中时起就开始制作的一道甜品。每当家中的香蕉开始烂熟时，我就知道又要做它了！起泡奶油里面可以使用黄冰糖，以减低一些甜度。这款甜品在我家里一年四季都会常备。

做法 How to

1 把低筋粉与烘焙粉混合之后拌匀，过筛备用。

2 用叉子把香蕉粗略碾碎备用。核桃仁也粗略碾碎备用。

3 在放至常温的黄油内加入适量黄砂糖，用搅拌器打发至起泡奶油状。

4 把搅匀的鸡蛋液分次倒入 3 之中，每次倒入后，要用搅拌器搅匀。

5 在 4 中混入 2 的香蕉和肉桂，再加入 1 中的面粉，用硅胶刮大致搅拌一下。

6 把核桃碎加入 5 中搅拌均匀。

7 放入加热至 170℃的烤箱内烤制 40 分钟左右。

8 把材料 A 放入碗内，用搅拌器打发至泡沫可以直立起来的状态备用。

9 把香蕉蛋糕切成 2cm 厚，上面再挤上漂亮的奶油花，大功告成。

材料

（18cm 特氟龙涂层长方形烘焙模具）

- 低筋粉 110g
- 烘焙粉 10g
- 香蕉（熟透）2 根
- 核桃仁 25g
- 黄油 80g
- 黄砂糖 90g
- 鸡蛋 1 个
- 肉桂 1 把
- A ┌ 鲜奶油 100ml
- A └ 黄砂糖 7g

咖啡

咖啡滴壶和小奶罐都是日本厨房用品制造品牌Kinto独家出品的。由于滴壶部分容易发热，我还在ZUBO UNIT ZERO公司独家定制了木制的盖子。

焙茶

很喜欢京都朋友推荐的一保堂茶铺出品的茶叶。玻璃茶壶是Madu出品的，茶杯是从Click Shop购置回来的。这款茶非常好喝，可以沏出很多，还不会破坏铁的吸收。

茉莉花茶

这款香气扑鼻的茉莉花茶也是朋友送给我的。在Madu购入的玻璃茶壶里可以沏上花茶，闲暇时细细地品味。茶壶下面垫的，是在Fog店里购入的毛巾。

闲适的品茶时光

一个人独自品茶，跟孩子们一起喝茶，与来客一起饮茶……家里总是有很多这样的品茶时刻。茶多数是人家送的，我会把茶叶换装到厨房的玻璃罐里，省得过了保质期，还没想起来喝！近来，品遍了各式各样的茶。包括咖啡、日本茶、花草茶，等等，种类繁多。平时喝茶的时候，我一般会考虑一下与自己品茶的对象，以及茶与茶点之间的搭配度，再来决定今天应该喝什么。选茶具的过程，也是一件让人赏心悦目的乐事。

我想，其实这也并不仅仅只是饮茶一件小事。需要准备的，亦不是昂贵的茶，而是喝茶的心情。能够用品茶的心情与人共度一段轻松惬意的时光，实在是再美好不过的了。

买东西的艺术 · 在合羽桥徜徉

要想寻觅那些可以让自己迅速高效完成家务的工具，以及制作礼物包装的专用材料，合羽桥一带，简直就是原宿一样的圣地。这里无论去过多少次，都会有新的发现！

一边挑选纸杯，一边琢磨还可以用来做些什么。

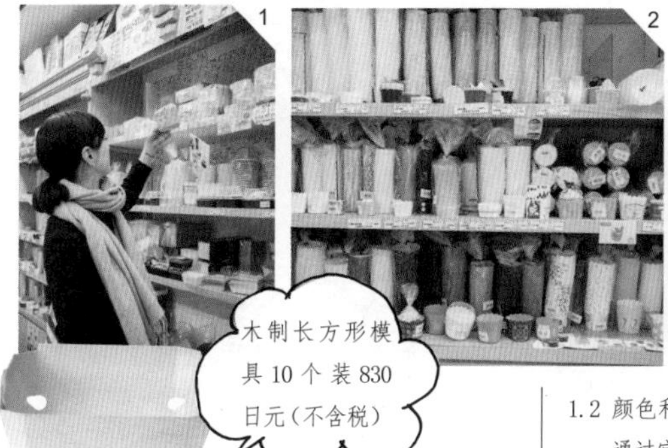

1 | 2 | 3

1.2 颜色和形状都琳琅满目。也可以通过官网购入。

3 大量烤制一些纸杯小松糕（玛芬），装入玻璃罐内储存起来！这种时候，烘焙专用纸杯最是实用了。

门店里专卖各种包装材料，可依个人创意改变用途

像纸杯蛋糕模具、包装专用盒，等等，店内陈列了数不胜数的包装材料，各种材质、颜色应有尽有。在这里，百分之八十的商品都是独家出品的。许多别处看不见的物件，这里都可以找到。有很多西饼烘焙店都用到了这里的包装材料，从中也可以看出本店物品的品质有多么优良。Lota product 自产的产品也大量用到了这里的物件哦。

SHOP DATA

东京都台东区松谷 1-1-12

☎ 03-3847-4342

营（周一—周五）9:30-17:30 （周六）10:00-17:00

休 周日 / 节假日

http://www.itokei.com

02
Niimi
西式餐具专卖店

这里有很多让人想一次性大量购入的专业厨房用具

矗立在合羽桥厨具街入口的厨师雕像，就是这一带的标志性建筑。不论是一楼，还是二楼，各种商品都摆得满满当当，要以一种寻宝的心情在店内四处徜徉。陶器、锅具、刀具、玻璃杯，包括进口厨房用具，等等，各种想得到，想不到的专业厨具林林总总，应有尽有。这一次吸引到我的视线的，是一些看起来适合盛放福神咸菜的咖喱盘，和可以叠放起来的杯子。

1 店铺专用型餐具相当结实耐用，品质极其优良。

2 店内商品的价格实惠到让人想一次性大量购入。

3 单是吃寿喜锅（日式牛肉火锅）专用的锅具，这里就有各种款式，实在是让人眼花缭乱。店家独创的价格标签款式也十分精致可爱。

1 | 2 | 3

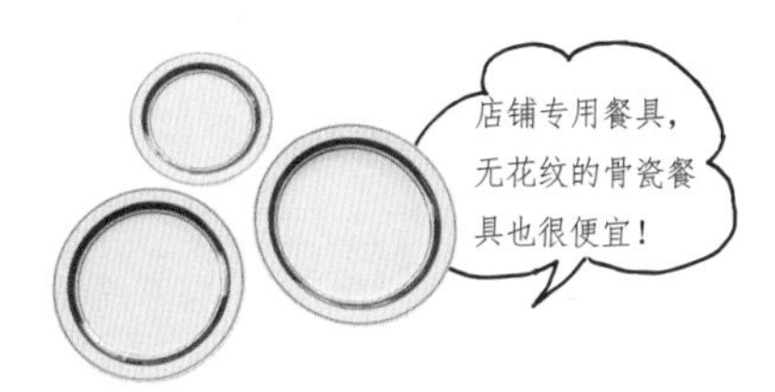

东京都台东区松谷 1-1-1

☎ 03-3842-0213

营 10:00-18:00

休 周日

www.kappabashi.or.jp/shops/117.htm

制作便当、点心时极其实用的正规厨具

在这里，大到地道正规的店铺专用厨具，小到可爱精致的厨房小物，阵容强大，品种齐全。尤其是制作点心时用到的材料，包括圆形派模具、长方形模具，等等，种类十分繁多。专业店铺特别订制的商品种类也尤为齐全。据说，官网上还介绍了200多种使用这些烘焙模具制作而成的面包和点心食谱。下次打算学习一下！

1 这是我在店里认真物色不锈钢切削器。

2 这些饼干模具可以把曲奇饼印成可爱的字母形状，好想买回家……

3 说到专业厨具，这里无所不包，无奇不有！

4 在朋友开的咖啡厅里，会把刀叉放在这种长方形模具里提供给客人。

1	2
3	4

还有一人份蛋挞模具和造型独特的圆锥形富士山模具。

东京都台东区西浅草 2-6-5

☎ 03-3841-8527

营 9:00-18:00

休 周日 / 节假日

www.asaishoten.com/index.html

SHOP DATA

04

厨具世界

TDI

按型号、品牌摆放着各式各样的瓶瓶罐罐，真是琳琅满目。

架子上一排排的瓶瓶罐罐让我无法掩饰自己的怦然心动

这家专卖店里的商品会让瓶粉们无法抵御的！就连最适合用来送人果酱或酱料的 Le Parfait 双盖罐——诞生于德国的茶罐品牌 Weck 的产品，也齐刷刷地摆放在了货架上！店里陈列的野田珐琅系列，种类号称日本国内最齐全。甚至，店内还有各式各样的蜡纸。在这里逛上一整天，也绝不会让人感到厌倦！

这样看来，家中日常食物和杂货用品也可以在装好之后，兼作摆设了……

1 畅销款咖啡壶周边用具。

2 派热克斯的耐热玻璃烤盘，翻转过来还可以用作家里的装饰哦。

3 店内的野田珐琅系列摆得让人眼花缭乱。

我家里常用的野田珐琅黄油加热器，就是在这里买到的。

东京都台东区松谷 1-9-12 SPK 大厦 1F

☎ 03-5827-3355

营 （周一—周六）9:30-18:00
（周日 / 节假日）10:00-18:00

休 无休息

www.kwtdi.com

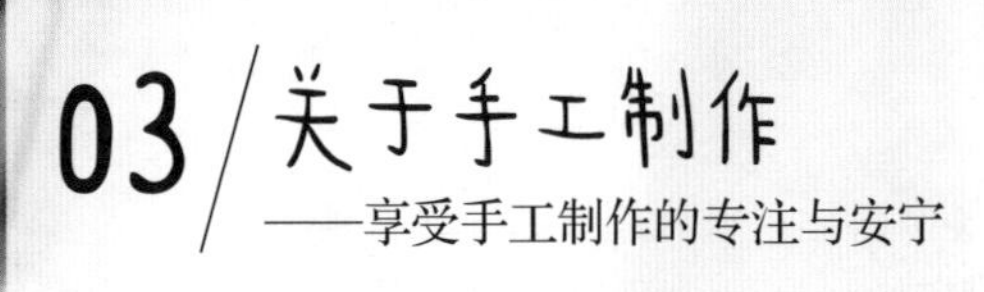

03 / 关于手工制作

——享受手工制作的专注与安宁

从小，我就有着“买不到的东西自己设法制作”的念头。像衣服啦、点心啦、器皿啦，什么都要自己亲手做做看。正是因为对手工制作的这种热爱，才有了Lota product品牌的诞生。我之所以会如此着迷于自己动手，是因为它可以把脑里的灵感变为眼前的现实。简单劳动可以让思想更加自由，人处在一种简单的琐碎中，心灵反而更放松。我想，这也是一种认真打扮生活的心情吧。作为一名拥有两个孩子的妈妈，这个本领既能让我有充分的用武之地，也可以让我在心理上得到格外的满足。

自家 Lota product 的品牌的诞生

上学的时候，我娘家的姓氏被朋友叫成了“Taro”。先生也喜欢把我叫成“Taro”。而“Taro”反过来其实就是“Rota”。后来，先生又建议说，“L 比 R 更有意大利的味道，听上去比较酷一点。”因此，就有了 Lota，Lota product 的品牌名称就由此得来。

原本是想在女儿年幼的时候，为她做些力所能及的事情。于是，就跟朋友合伙在 T 恤上印上自己喜爱的 LOGO 图案和文字，制作几条儿童专用围裙……

最开始这样做，纯粹是兴趣使然。后来，朋友们跟我提出要求说，“不光想要儿童专用的围裙，大人用的我们也同样需要”。从那之后，我才开始了真正的手工制作，直到后来自家产品逐步面市。

目前，除了采用委托邮购方式之外，每逢举办讲习会或是活动庆典的时候，我也会顺便宣传一下自家的产品。

今年还计划逐步提高产品的制作速度。

这样靠自己制作出来的产品，针对对象主要是全职妈妈，以及那些喜欢享受片刻轻松时光的人群。如果有人因为拥有了我们的产品而感到幸福快乐，我也会由衷地感到开心的。

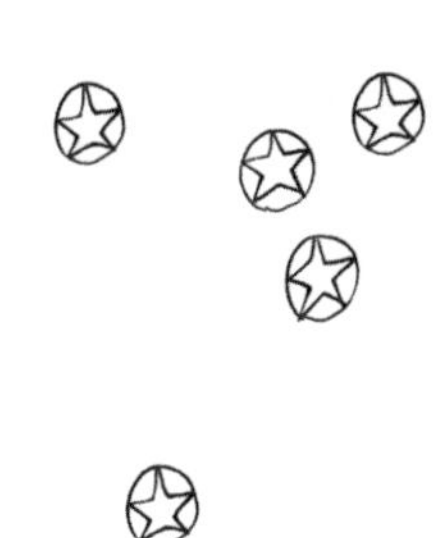

大约在三年前，我在涩谷名店PARCO PART 1的地下Delfonics画廊举办了一次企划展，这张海报就是当时为展览特意制作的。由于这次企划展的宣传理念，是希望它能成为某个可以让您留意到的契机……因此，上面还加入了go with your mind的英文宣传语。

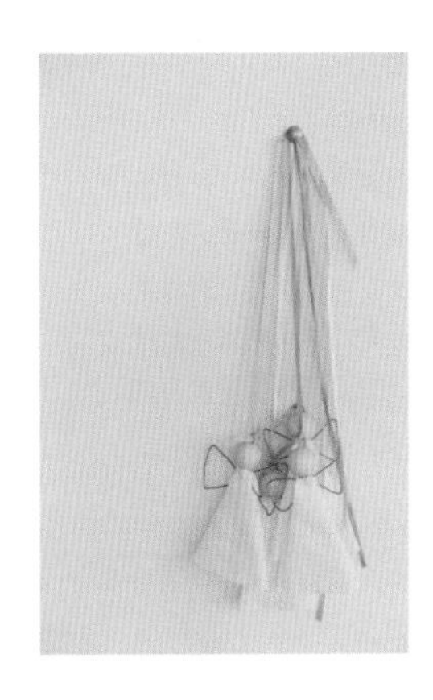

这个天使人偶的可爱创意，是在前年举办讲习会时触发的灵感。人偶是用木质串珠、铁丝、碎布和丝带做成的。作为装饰品发售，目前无货。

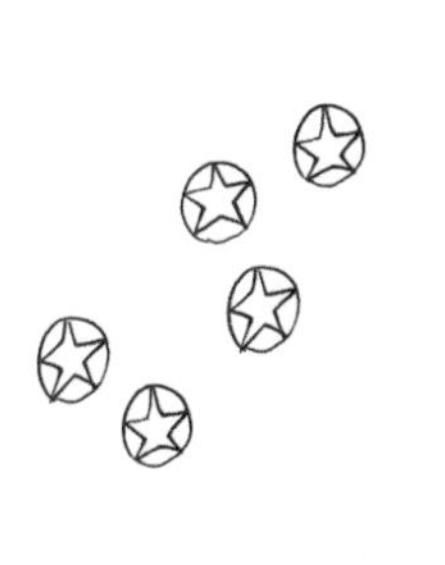

最早一批亚麻质地围裙都是我自己亲手缝制出来的，现在已经外包给了专门的制作工厂。我们会从包装用品店里购置回原材料，进行自家品牌的包装制作。希望各位爱用的朋友们在购买之后，可以经常使用，随时清洗，认真保养。

这是从Delfonics画廊企划展时就开始制作的纪念章。上面的用色十分讲究！都是我参考了《法国式用色》一书之后，特地研究出的用色。像walk、simple、balance，等等，全都是希望让人们特别留意到的形象。

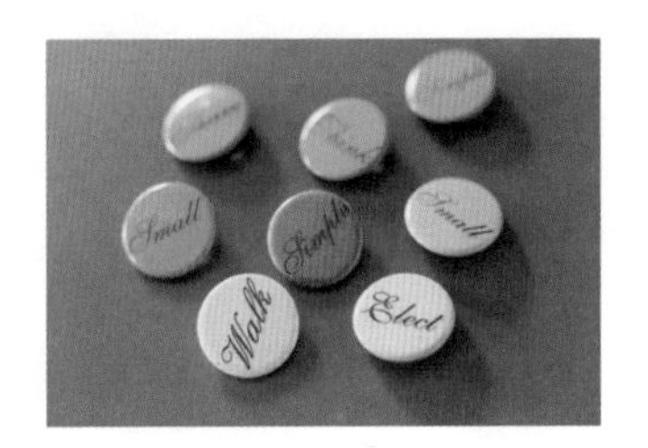

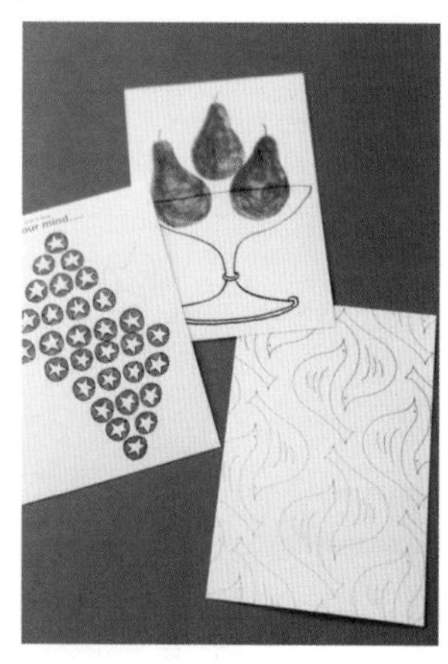

这里的明信片分为反映寄出者设计风格的卡片，和专为对方设计的卡片两种。尽管在眼下的网络社会中，电子邮件正在逐步占据人们的生活，但是，要给亲友寄封短信或是发个问候时，我还是很喜爱使用这些卡片的。

这只大托特包，最早其实是因为自己有需要才制作出来的。托特包的厚度足够，出门时可以随意搭在肩上。帆布质地，既结实又耐洗。里侧还有一个口袋，外面还印上了LOGO。目前已经不再有售。

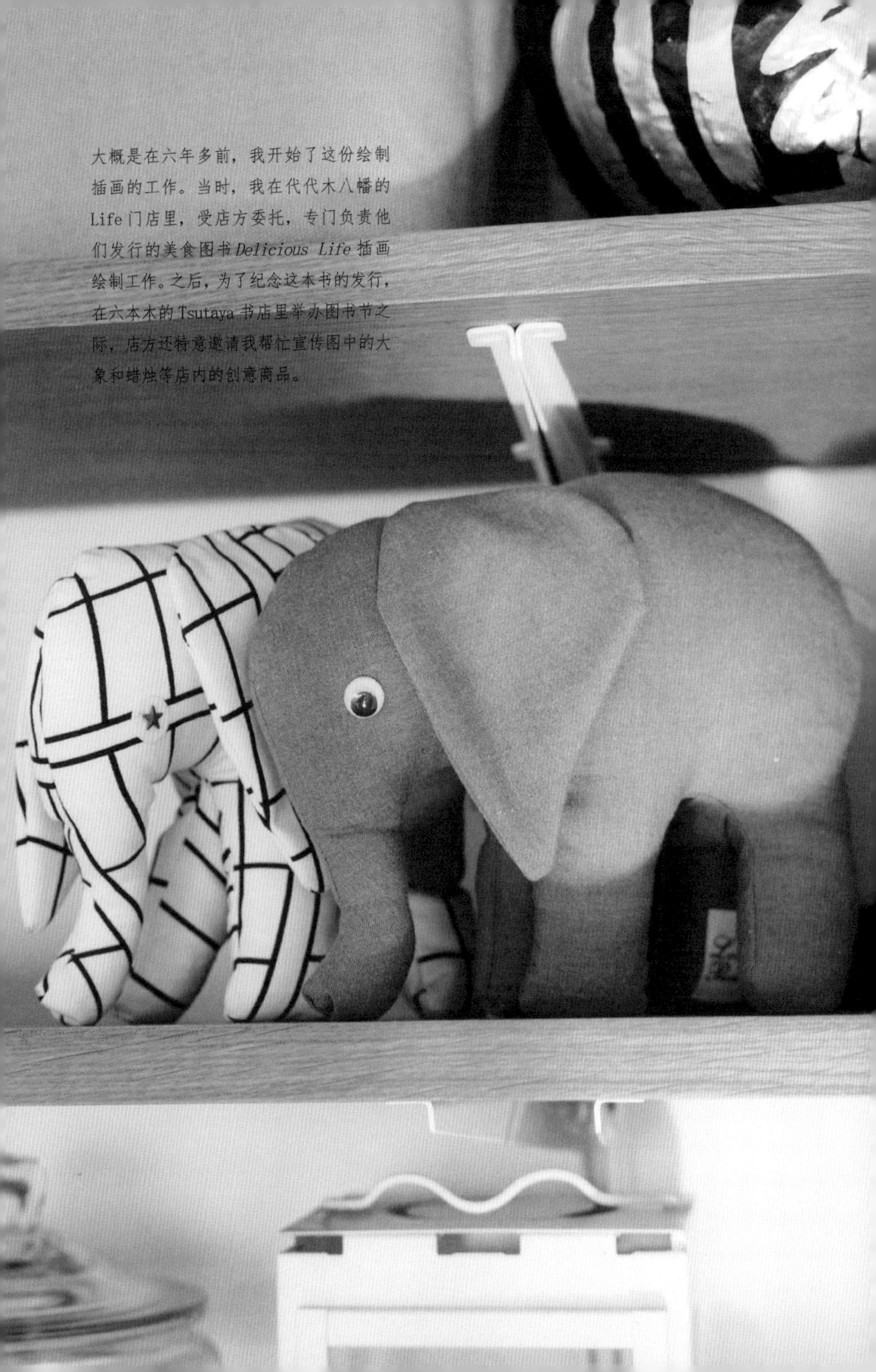

大概是在六年多前，我开始了这份绘制插画的工作。当时，我在代代木八幡的Life门店里，受店方委托，专门负责他们发行的美食图书*Delicious Life*插画绘制工作。之后，为了纪念这本书的发行，在六本木的Tsutaya书店里举办图书节之际，店方还特意邀请我帮忙宣传图中的大象和蜡烛等店内的创意商品。

享受手工制作的乐趣

爱上手工制作，是在小学高年级的时候。当时衣服都是家人在当地的商店里买回的，但我总是感觉跟自己的气质有些不符。因此，就跑去当地的布料店里买回印着圆点的布料，自己制作了紧身裙。只不过就是沿一条直线缝下去而已，做出来的成就感却令我至今难忘。如今，我依然热爱手工制作。每次看到外面出售的商品，只要感觉另一种做法可能会更好时，我就会亲力亲为挑战一下，看看出来的效果究竟有何不同。也因此，从中诞生出了前面提到过的Lota product品牌独家围裙和大帆布肩袋（托特包）。要想把脑里的理想变为眼前的现实，当然是需要付出巨大能量的。不过，通过自己的创意与巧思，用双手制作出最为理想的物品时，那种喜悦的心情也是格外巨大的。

花环状吊饰

这个词（garland）原本为表示胜利的花环或花冠。聚会之际摆在室内，或是用来奖励小朋友，做一个这样的吊饰，您觉得如何呢？与小朋友一起亲手制作，吊在窗边，墙上，门上也不错哦！

材料

丝带 200 ~ 250cm

圆形贴纸 60 ~ 80 张

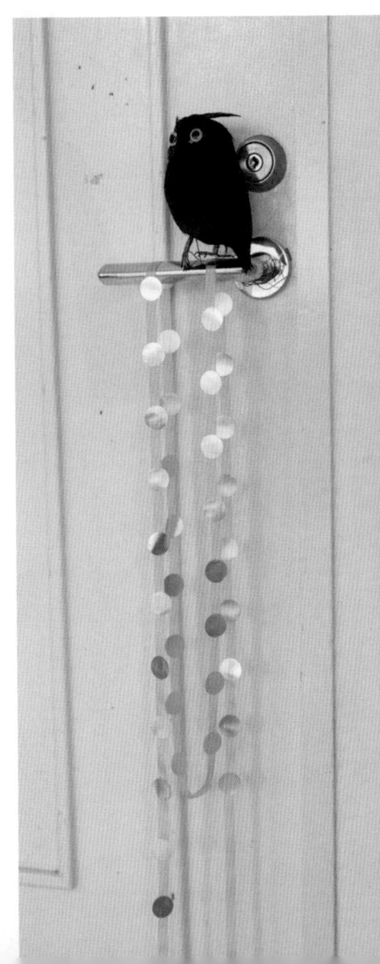

1

在距离丝带两端各25cm之处贴上两张贴纸，看起来好像把丝带夹住一样。

25cm

2

接下来，在每隔5cm之处，按同样方法继续贴下去。

5cm

3

按图中所示，把所有贴纸全部贴上去即可。

25

25

Vera

手帕围裙

只要在一块大号手帕上缝上带子，就成了简易版的自制手帕围裙。而且，我个人总结出来的实践经验是，手帕最好不要选择碎花之类的图案，最好是上面图案的风格能够偏大胆一些，这样可以带给人一种巨大的视觉冲击感，效果会格外有趣。这种手帕自制围裙，不论是大人还是孩子，都可以用到的哦。

1

按照图中所示，将平纹胶带一端（上部）向后折起3cm，用熨斗熨平。另一端（下部）再向前折起3cm，用熨斗熨平。图中红色虚线部分要用缝纫机走一下线。切记首尾都要反复锁好线。

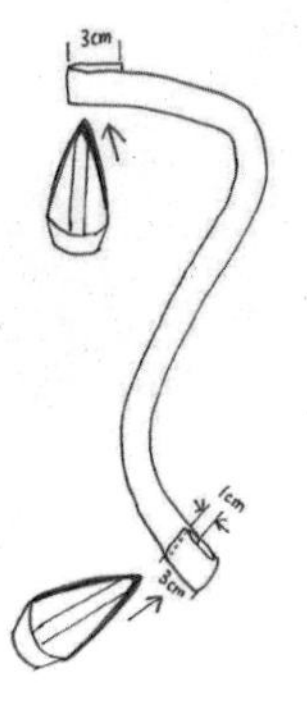

2

按照图中所示，在手帕背面把步骤1中的平纹胶带用绷针固定住。

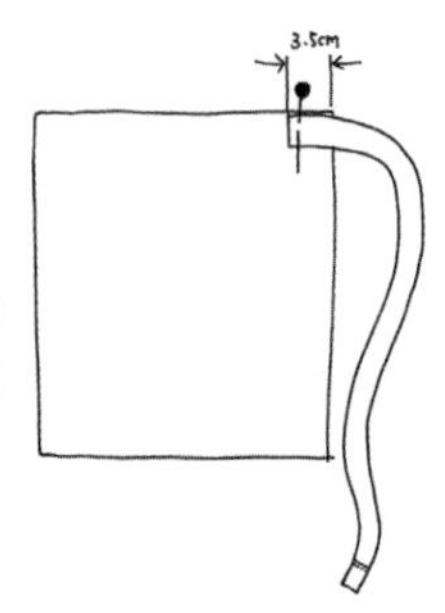

3

按照图中所示，用缝纫机沿红色虚线走向缝好。另一侧也要同样走一下线。切记首尾都要反复锁好线。

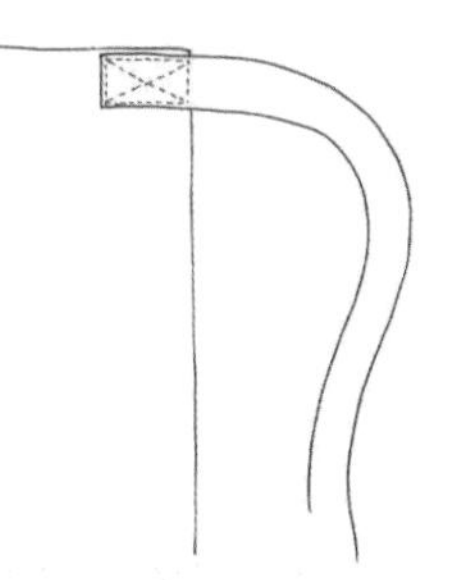

材料

大号手帕1块

2cm 宽平纹胶带 75cm 长 2 条

布艺托特包

平常有空时，可以用喜欢的布料自由随性地自制出实用又可爱的托特包来。这次我制作出来的托特包，在风格上偏成熟了一些，材料上使用了双层棉纱布和仿麂皮。包包上面还可以印上自己喜欢的文字和图案，或是在上面别上一些纪念章、胸针之类的装饰物，以体现出制作者的个性来。

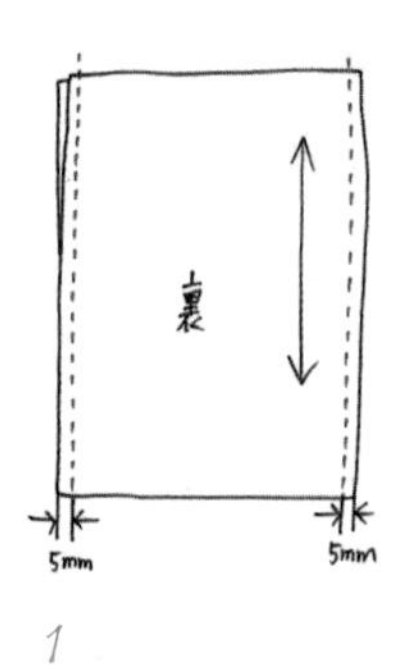

1

将棉纱布两折起来，使背面变成正面，用熨斗熨平整。两侧用缝纫机缝上5mm。首尾反复锁上。

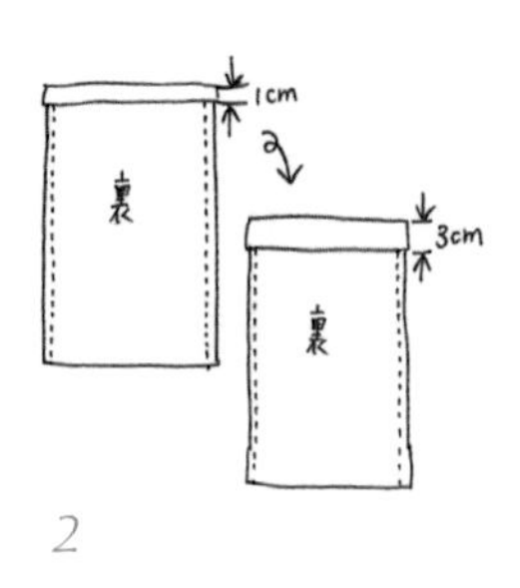

2

按照图中所示，把袋口部分折起1cm，用熨斗仔细熨。再折起3cm，用熨斗熨平。

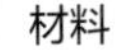

材料

白色棉纱布
94cmX37cm
黑色仿麂皮带宽
2.5cmX 长 60cm
白线
黑线

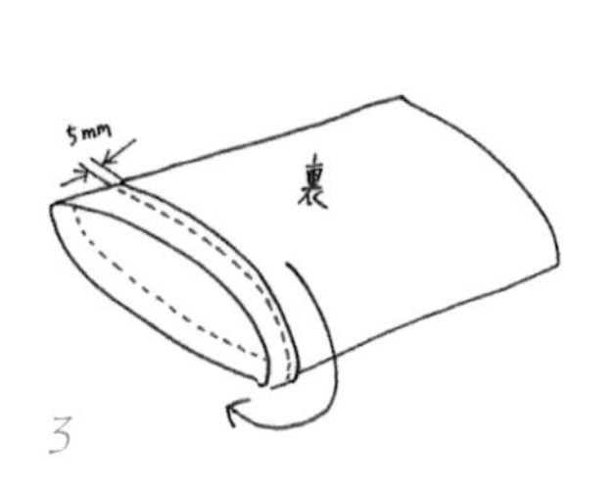

3

把袋口部分旋转一圈，距步骤2中折起部分5mm之处，用缝纫机走一下线。

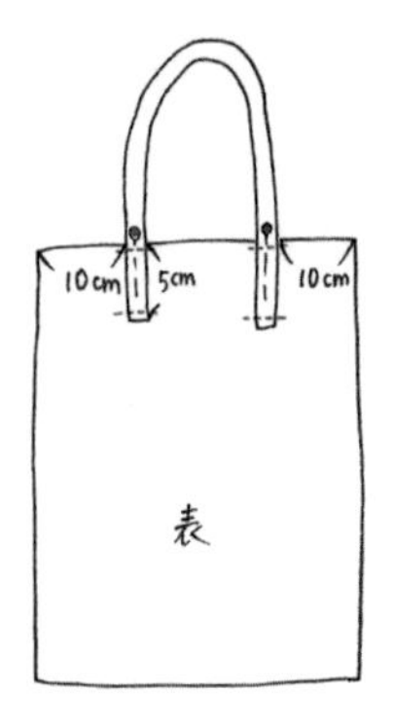

4

把布料由里至外翻转过来。按照图中所示，假麂皮材质的带子用绷针固定住。图中红色虚线部分用缝纫机走一下线。切记首尾都要反复锁好。

用心制作礼物包装是一种礼貌

我最喜欢做的事情之一，就是为礼物制作包装。有时甚至会为了制作包装而特意送人家礼物！要说起这其中的历史缘由，那可得追溯到我上小学的时候了……

记得那个时候，父亲常常会带年幼的我去逛各种仓储式超市和包装用品商店。去得多了，就会迷上那样的地方。后来，只要一有空，我就会撒娇央求父亲再带我去那些超市和商店里闲逛，当时的回忆至今还历历在目呢。

如今，我对这类店铺依然情有独钟。除了人人熟知的名店“东急 Hands”以外，像包装用品的圣地——浅草桥 Shimojima 也颇值得购买者逛上一逛（具体参照 P111）。

平日里，只要发现了有什么制作包装可以用到的合适材料，我都会毫不犹豫地买下来，带回家中。手里积攒起来的包装材料堪称五花八门，种类繁多。

看着自己积攒下来的各式各样的材料，脑里也会慢慢地储存起许多礼物包装的创意。包括，某一样礼物可以怎样制作包装啦，包装某一种礼物需要怎样做，效果才会比较精致啦，等等。

甚至，曾经有一次，只是因为想给可爱的瓶子制作包装，我还特地做了不少姜糖汁分送给人家呢。

林林总总的包装材料

在我的工作间里，摆放着许许多多制作包装专用的材料。内容以纸张、布料和丝带等为主。此外，还有一些粘合剂类和金属辅件类，种类实在是五花八门。单说到里面的纸张，就有玻璃纸、蜡纸、透写纸，等等，它们风格各异，形式多样，品类很是齐全。

基本上以制作礼物包装专用的材料为主。家里面囤积了各式各样的纸张、布料以及塑料袋。比起颜色齐全，我认为材料的种类齐全才是更为重要的！因此，每次在合羽桥和浅草桥附近徘徊、挑选这些材料的时候，我的内心总会倍感幸福。

像开口销、金属扣圈等金属辅件类材料，在制作包装时，也常常会助我一臂之力。有时候，要用到一些闪闪发亮的材料；有时候，却要用到磨砂质地不透明的材料。使用的材料不同，包装出来的效果自然也会各异。常用的种类要尽量多储存上一些，这样使用起来才会更加有备无患。

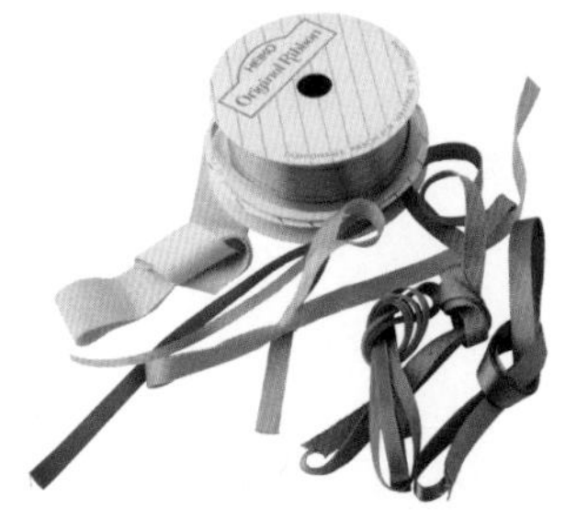

收到别人送给自己的礼物时，包装上的丝带也不要随意扔掉，最好仔细保留起来，以备不时之需。我家储存起来的丝带，在粗细、材料、颜色、长度、风格上，也是多种多样的。此外，我在制作包装时，还常常会用到刺绣线，以及麻绳之类的线绳类材料。

剪刀、美工刀、钳子、尺子，等等，是制作包装时不可缺少的便捷工具。像针线、缝纫机之类的，当然也属于包装制作的能手了。只要灵活使用这些工具，就可以进行打孔、走线等工序，制作出风格各异的漂亮礼物包装来。

在给礼物包装收尾时，经常会使用到标签贴纸。在贴纸上添上文字，就可以兼做留言卡来使用。要把小一些的物件送给别人时，我推荐使用相对精致的进口信封。

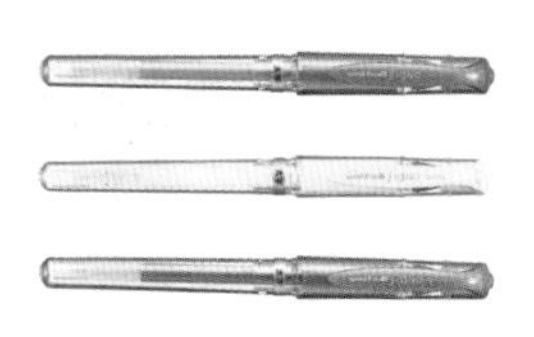

Uni-ball Signo 粗体字 1.0mm 的银色、白色、金色笔，这些都是我常年固定使用的颜色。因为担心某一天会停产，只要在店里遇到，就会买回来。

每次在店里遇到隐形胶带，总是会忍不住买回许多来。这种玩意效果极其强大，可以一下子让礼物包装的风格变得华丽起来。除了注意收集胶带的颜色、图案以外，我也会留心收集不同宽度的胶带。

到包装用品圣地 Shimojima 去

在 Shimojima 这里，除了经营各行各业都会用到的普通包装用品之外，也会经营专门的办公用品、店铺专用装饰品等专业用品的批发业务。要说到我个人经常光顾的地方，主要就是浅草桥 5 号馆。

彩色包装纸

靠墙一整面摆放的都是包装纸。颜色、图案、材料等各有细微的不同。

塑料袋

塑料袋的种类也是相当丰富。不仅分尺寸，还分材料厚度，以及有绳、无绳，等等。

隐形胶带

上上下下，包装用品摆放了不下三层。单是隐形胶带，就超过了 310 种！

印花包装纸

全国各地也都设有门店。普通顾客可以随意挑选购买，各位务必要去光顾一下！

纸袋

款式简洁的纸袋，超过 10 种。在这里，你也能找到那些知名店铺的包装纸袋。

丝带

单是红色丝带一种，就分为不同颜色、宽度等。还可以根据顾客的个人需求配齐！

SHOP DATA

Shimojima 浅草桥 5 号馆

东京都台东区浅草桥 1-30-10

☎ 03-3863-5501

营（周一—周五）9:00-18:30　（周六 / 日 / 节假日）9:00-17:300

休 不定期休息

www.shimojima.co.jp

简单易学的自制标签贴纸

在学校或办公场所常用的目录标签、花纹贴纸一类简易的贴纸上，添上自己的文字，再盖上独家印章，就可以制作出独特的标签贴纸了。除了可以用在礼物包装制作上，当收纳家中一些零碎小物时，也可以用它来作为标记，提醒自己里面装了什么。

想送人一点小小的礼物，表达心意之际，也可以包上一些自制的小点心。这时候，上面如果再贴上自制的Thank you贴纸，可爱度会立刻倍增！

1

先在黑色的圆贴纸上，用Uni-ball Signo的白色粗体笔写好文字内容。个人推荐在黑底上用白色字迹形成鲜明的色彩对比，效果也很别致。

2

把要送给人的自制小礼物（小点心）装入透明度相对较高的塑料袋中，再贴上贴纸。每次我会根据包装来选定圆贴纸和彩笔的颜色，这也不失为一件让人心情愉悦的乐事呢。

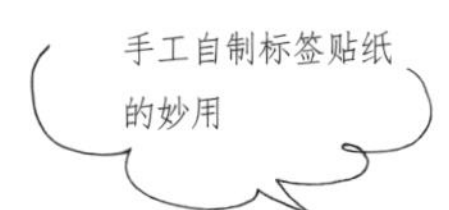

要把自己亲手烘焙出来的蛋糕分送给亲友之际，可以使用有手写文字，或印章的标签贴纸，这也是制作礼物包装时的一大环节。这项技巧，不仅可以用在制作礼物包装上，也可以灵活运用在家居用品收纳上！

1

切好的香蕉蛋糕先用蜡纸包上，仔细打好包装之后，再制作标签贴纸。按照需要，把贴纸剪成合适的大小。

2

在贴纸上面写“Banana Cake”。彩笔的颜色、粗细可以按照自己喜好随意选择。如果有条件也可以设计出独特的文字和图案打印在贴纸上。

3

做好的标签贴纸，就可以贴在一个个包装好的香蕉蛋糕上面了。上面如果再写好蛋糕的具体烘焙时间，就更加接近真正的食物标签了。

4 种包装礼物的小创意

有些时候，并不需要特地购入什么漂亮的包装纸或礼品盒，只要利用一些装过点心的空盒或是硬纸盒，或者家中随处可见的礼物包装材料，就可以制作出精致可爱的礼物包装来。我们送人礼物，并用心地装饰，不单单要是为了礼物包进去，也是想让收到的人有种迫不及待地打开看看的心情。根据不同情况，这里给大家介绍 4 种制作包装的不同创意方法。

1 充满创意的礼品盒

在礼品盒底层铺上一层植物或苔藓，用来取代防震垫。如果铺的是保鲜花，对方收到后，还可以直接拿出来当摆设。要送人一些胸针或是摆件之类不易损坏的礼物时，最推荐使用这种包装法。

把家中闲置的曲奇饼盒加以二次利用。先把饼盒上原有的贴纸等仔仔细细地揭下来，再一步一步铺上保鲜花的叶子等材料。创造出一种宛如独角兽行走在森林里一般的艺术美感。

2 用作答谢还礼的三明治式礼品包装法

答谢别人之际，需要准备一些小小的还礼。可以用硬纸板将当做礼物的笔记本夹起来，效果就像三明治一样，再用黑色细绳在外面绕上几圈。最关键的一点，是绳子的绕法一定要相对美观一些。

1

先用一张比笔记本大上一圈的硬纸板，把笔记本（2 本）夹住。硬纸板没有必要特意去店里购买，只需把家中原有的复印用纸等附带的纸板找来，二次利用就可以了。

2

按照制作小包装的步骤和要领，在外面反复缠绕上黑色细麻绳。绳子要尽量准备得长一些，在正反两面交叉处稍微错开一些来。缠绕时，要一面注意调整整体的平衡，一面反复进行交叉缠绕。

3

缠好细绳之后，再在正面合适的位置打个漂亮的礼品结出来。最后选择大一点的标签贴纸，在上面写上或是画上自己喜欢的文字或图案（做法参照 P112），贴在喜欢的地方即可。

3 LUCKY BAG

这是一种可以选择数字的礼物，一般用于孩子们生日会过后的答谢还礼，或是在举办聚会时，用来制造气氛高潮。

1

首先，要根据放入的礼物大小，把粉色打印纸折成三折。在重叠部分刷上浆糊，做成纸筒。

2

纸筒做好后，只要把刷有浆糊的一面从上下两端折起，立刻就能变身成休闲风格的包装袋了！再翻过正面来，盖上自己喜欢的文字。

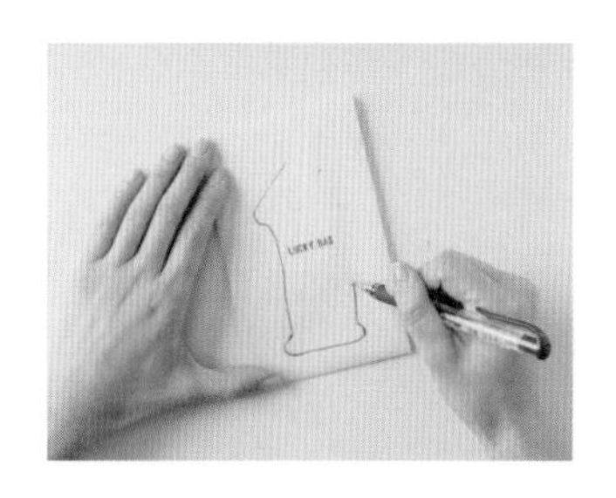

3

在纸筒上面盖上独家印章。至于文字内容，可以随意选择。数字要尽量手写在上面，以提升孩子们在选择数字时的期待感。

4

在袋子正面写好自己想写的文字之后，打开袋子，把礼物分别放入，再把袋子背面用隐形胶带封上。

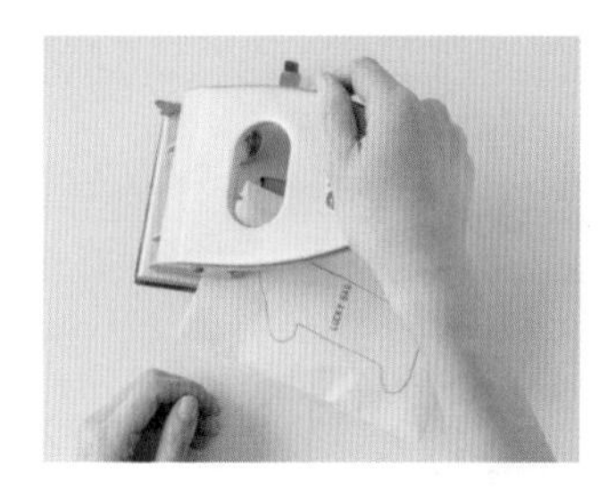

5

袋子上部要记得用打孔器打出一个孔来。但是，假如打出的孔太靠近袋子边缘，手提时纸袋随时都可能断裂。所以，切记要多留出一段空余来。

6

在打出的孔里，穿上几根刺绣线，整个包装就制作好了。刺绣线的颜色要根据纸张颜色来挑选。这种包装创意法也经常被我用在聚会上做摆设用，实际效果一级棒。

4 HAPPY NEW BORN

这种包装创意法会让礼物隐隐约约藏在里面，对方收到的时候，会格外期待礼物的内容究竟是什么。

只要踩着缝纫机，哒哒哒哒地把透写纸缝上，再附上标签，就可以拿去送人了

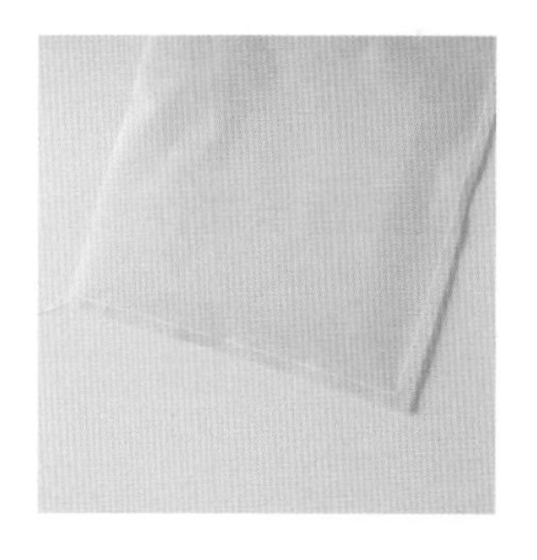

1

根据礼物大小，首先准备好透写纸。预留出袋子上的封口，两侧都要用同色缝纫线缝上。两端的收尾处尽量随性一些，这样看上去才会显得更加可爱俏皮。

2

把事先准备好的礼物装入做好的纸袋内。这次我装入的是庆祝朋友生子的婴儿鞋自制工具套装。如果还能够根据袋子透明度来随意选择里面的礼物，就是礼物包装制作里的高手了。

3

最后要用吸管式彩带横着缠绕上一圈。在标签上写好或画好自己想要的文字、图案内容，用金属扣圈固定好标签，把彩带穿过标签孔，再竖着绕上一圈。在背面绑好即可。

专栏　Column

享受独处时光 · 与自己喜爱的音乐为伴

音乐是转换心情的重要方式

比如说，在盛夏的傍晚，早早地沐浴更衣之后，一边品着红酒，一边听着爵士乐……趁着孩子们去爷爷奶奶家里玩儿的空档，还可以点上几支蜡烛，听一段波萨诺瓦的音乐……而忙碌地工作之际，则要听一些快节奏的音乐，使自己充满积极性……对于音乐，我最喜欢的一点就是它可以恰到好处地营造出需要的氛围。音乐中含有“美感”，能使人态度娴雅，神思清爽，怡然自得，像自然那样无边无际，像风，像天空，像海洋。这种感受私我着迷。

不过，我其实对音乐本身并不算精通，多数时候都只会买回杂志上面推荐的热门专辑，或由先生从唱片行里代我挑选回来一些 CD。有一次，先生还曾经把我最喜欢的音乐全部汇集起来，制成了一张独家专辑 CD 送给我。上面居然还带着独家制作的唱片套！

比起下载音乐来听的做法，我绝对是支持 CD 派的。有闲暇的时候，我最喜欢做的事，就是一边看着歌词卡，一边研究究竟哪一首歌是哪一段词。对我来说，要学会歌曲，用这种方法是最好不过的了。

1 八十年代的麦当娜，那时候对她的*Like a Virgin*迷到不行。麦当娜*Like a Virgin*

2 Simon & Garfunkel（西蒙与加芬克尔）*The Definitive*

3 上高中时，曾经对披头士乐队狂热地崇拜。买回来的第一张披头士专辑就是它了。披头士乐队*Magical Mystery Tour*

4 Lee Morgan *Candy*

5 非常喜欢听电影原声带。电影《落水狗》原声带

6 卡洛尔·金*Her Greatest Hits*

1	2	3
4	5	6

7
8 | 9

7 影片也很合乎我的口味。电影《女生向前走》DVD

8 我是索菲亚·科波拉世界观的粉丝。电影《女生向前走》原声带。

9 *JAZZ JERSEY*

04 / 关于穿衣打扮

——穿得要让自己舒服，别人看你才赏心悦目

对于成年人来讲，在穿衣打扮方面尤为重要的是，选择的衣服是否与自己的气质相符，面料是否天然、舒适才是第一考虑；当然已有的衣物和新购得的是否可以混搭也有必要考虑，这样可以搭配出更多的可能。年轻不知事的时候，我也曾追逐大众潮流，买、买、买，扔、扔、扔，做出一些超出自己能力范围、并不节制环保的事儿，甚至导致外表与内在之间也存在着不小的落差。如今，随着年纪的增长，心中也逐渐意识到，一个人的衣橱即是她的风格，衣着打扮是一种能够表达出穿着者生活态度与思想状态的东西。真正会穿衣服的女人，会知道什么样的衣服最像自己。

挑选衣服也是每日的轻松一刻

穿衣这件小事，是每天的无限乐趣之一。

本来早早起床就是为了让一天之中最重要的清晨过得充实才对。特别是对于那些很会打扮的人来说，更是一天之计在于晨。在我的憧憬和想象之中，那些漂亮的女子肯定是把清晨时光过得像花朵一样美好。

起床后，烧好开水，确认一下当天的工作安排，还要查询一下天气预报。

“今天究竟应该穿哪一件呢？”自己总是会对着衣橱里面的所有衣物，认真仔细地环视一番。摆放在衣橱里的家居服与外出衣物，不需要特意区分开来。只要穿着方法不同，同一件衣服也可以应付很多不同的场合。

换下家居睡衣之后，不论接下来是要待在家里做家务，还是外出上班，抑或只是日常购物，都可以用同一身搭配来应对。

所以，购买衣物时，一定要重视穿着的舒适感！

我常穿的衣物面料，基本上以纯棉、亚麻、羊毛等天然材质为主。我个人非常钟爱那些剪裁合体、穿着宽松的衣裤。每每去了服装店里，目光常常会被此类衣物吸引。一旦选好了满意的搭配，还要在全身镜前检查一下今天的穿着是否得体。

轻轻地挽一下袖子，稍稍地卷一圈裤腿。重复这些日常里看似无心的动作，正是使人一整天都穿着舒适自在的关键。

好看的衣物值得用心找寻

很早之前，因为受周围朋友和时尚杂志的影响，我也曾尝试过各式各样的风格。曾经因为狂热地崇拜披头士乐队而对复古风着了迷，似乎有段时间还企图走过嘻哈风。年轻时，我们常常会在不知不觉中掉进潮流的陷阱，完全忘记了“这些是不是合适自己的品味”。经过反复的尝试与摸索，我才终于形成了现在这种重视穿着舒适感的穿衣风格。

最近，我还热衷于在这种风格中再添一些美美的小元素。有时候，仅仅因为脚上多了一双柔软又养眼的皮鞋，或是手上添了一只独具个性的手包，或是上身换上一件凸显女性线条的衬衫，抑或是下身改穿一条气质优雅的半裙，原本平淡无奇的休闲风格便会突然之间有了质的飞跃。

1. 复古风系带皮鞋

其实，我向来只爱穿厚底便鞋或运动鞋之类的休闲舒服的鞋子。也曾为了找寻一双合心意的中性风格女鞋，耗费了半年的时间。那时，我心里真正想要的是一双貌美的皮鞋，但并非浅口无带的那种。此外，鞋子还要能与身上的晚礼服完美和谐地搭配起来。在反反复复地纠结筛选之后，我终于入手了这双滞销款的复古风系带皮鞋。虽然看起来有些中性的味道，但它皮料的高级质感和款式的简洁大方，我十分中意。至于鞋带部分，我想要的其实是圆绳。所以，打算接下来打算再去各处慢慢寻觅。

采用这种以鞋子为主角的穿搭时，我会特别留意把袜子稍微露出一点。再搭配脚上的黑色复古风系带皮鞋，可以给人一种协调统一的成熟感。

在店里偶然发现了这样一件不会过于贴身的宽松款衬衫。它既没有过于女人味的柔美线条，面料又十分柔软亲肤，一看到它，我就兴高采烈地买回了家。这件衬衫的面料由天鹅绒和纯棉两种材质构成。像这种要仔细观察才能发现的细节之处，尤其让我感到满意。白色也是我最爱穿的几种颜色之一。比起纯白来，这种米白要更加柔和淡雅，可以传递给人一种稳重的印象。跟米色、灰色、黑色这些基本色搭配起来，效果也相当不错，重磅推荐！

这是一种把不同风格的白组合在一起的穿搭法。全身上下都采用了宽松的款型，线条相对甜美。脚上再配上一双黑色的皮靴，就起到了收紧整体的效果。

找到自己的专属品牌

这些年来我最爱去的店铺之一——Fog。许多年以前，我甚至会推着婴儿车去里面购物。在这家店逛得越久就越会为它的理念所倾倒。耳濡目染，我自己也开始对亚麻材质倍加关注了。

从前，说到时尚，我关注的无非是什么品牌最知名，什么款式人人必备，纯粹是以一种追逐大众潮流的眼光去购物。结婚生子之后，随着身心的日益成熟，才开始认真思考起“自己真正喜爱的东西究竟是什么”。这时，首先浮现在脑海里的，就是 Fog 和 Homspun 这两家品牌店。

其实，说到爱逛的品牌和店家，为数也不少。但最为钟情的，却只有这两家。它们有一个共同特点——都是不会随意受到潮流左右的个性化品牌，也都一直坚持向人们传递这样一种理念：让穿着者能够真正享受到舒适与惬意。舒适自然的打扮，才是对个人生命最大的认识和尊敬。

每每流连在这两家店里，跟店员们闲谈上几句，总能给我的思路带来很大的灵感。这也正是 Fog 和 Homspun 的魅力所在。除了店内出售的商品以外，我们闲谈的内容还涉及了各种穿搭法、使用法，甚至还包括店内花卉的摆放，等等，生活的每个细节之处总是充满了耐人寻味的东西。

与店内的人随意闲谈，对我来说也是一段小确幸的时光。店员们会传授给我许多衣物穿搭的方法，还会教给我杂货使用的各种创意和巧思，每次都能有新的发现哦。

@Homspun

@Fog

homspun
@shibuya

每半年必会去一次的
老友品牌 Homspun

时常会光顾这家店，也是因为我与店里的设计师甲斐博美早已相识。在 Homspun 品牌诞生之前，我们就已经是多年老友了。

这个品牌的衣物，通过穿上身时的舒适感和接触肌肤的柔软度，成功地俘虏了我。至今，他家的衣物我已经反复穿过了许多季。某天，在 Homspun 品牌店闲逛时，我又看到一条很是可爱的长款小碎花衬衫，忍不住拿来试穿一下。它淡雅的大地色系和蓬松的线条，刚好符合我最爱的风格，最后还是买了下来。虽然，我已经有了一条相同面料制成的连衣裙。

这个品牌的穿着舒适度受到了许许多多消费者的关注。自从2000年品牌创立以来，受到了以30-40岁为主的广大年龄层女性的喜爱。衬衫价格19000日元/Homespun

东京都涩谷区富谷1-19-7
CORPO LA FORE 富谷 1F
☎ 03-5738-3310
营 11:00-19:00 休 周日 / 节假日
www.homspun.com/

Fog 店里陈列的杂货也很别致有趣
平常散步时会忍不住过去逛逛

几乎每个月，我都会去听一次 Fog 店里开设的烹饪课程。还在那里学会了一招：用鱼露和黑糖来加深味道，最近正在自家厨房里实践。上完烹饪课之后，我常常会到一楼的店里信步闲逛，偷偷享受一段轻快的时光。店内陈设的商品不论是时装还是家居用品，每样都恰到好处地精致美好！这时，只要一遇到怦然心动的物品，我一定果断地把它们抱回家中。一不留神，家里已经堆满从 Fog 店里买回来的东西了！就在今天还从店里买回了印度制的铁托盘呢。

这是一家汇聚了各式各类杂货的生活创意门店，经营品牌包括店主关根由美子亲自设计的Fog linen work，和设计师大桥利枝子设计的FLW。

SHOP DATA

东京都世田谷区代田 5-35-1 1F

☎ 03-5432-5610

营 12:00-18:00 休 周六 / 周日 / 节假日

www.foglinenwork.com

经典单品的巧妙搭配

选择每日穿搭时，有一项需要特别留心的法则是：颜色不要太过混搭。

比如说，整体衣着的颜色要尽量控制在三种以内。假如上衣是彩色的，小件也要配以同色，以此来打造整体的协调统一感。想要购入新衣时，先在心里跟自己衣橱里的服饰比照一下，想一想搭配出来的效果会怎样？究竟可以搭出几种组合来？

容易想象出搭配组合的衣物，可以马上出手！不容易搭配的衣物，当天最好先不要购入，回到家中考虑清楚之后，再做决定。

确定好了自己真正需要的款式，一旦遇到完全符合需要的衣物就可以迅速出手了。买到一件让自己心满意足的衣服后，大多可以穿上五年，甚至十年，每一件都会爱惜有加。

珍惜物品，从某种程度上来说也是珍惜自己的一种表现。正是由于这样的衣物我们才渐渐地懂得何为珍惜。

在这里，我要给大家介绍一些自己常年爱不释手的必备单品，以及用这些单品组合出来的穿搭法。

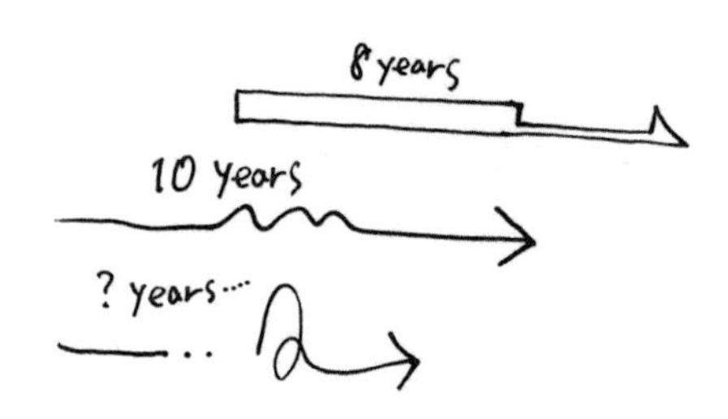

蝙蝠中袖针织衫

超喜欢这种仅凭一件单品就能凸显出个性的衣物。算起来，这件 Frapbois 的蛋型针织衫，已经是七八年前的旧衣了，看上去却完全不会显旧，依然常常被我拿出来穿搭。依照它的款式，一般人都会配上窄脚裤，我却故意配了一条休闲风格的牛仔裤。这种穿搭法会使全身上下都散发出宽松休闲的味道，既显得气质清新脱俗，又不会让人感觉阴暗沉闷。

米色夹克

这件短款米色夹克是三年前在 Homspun 店里购入的。下面配了一条最近很是着迷的白色蓬松款半裙。有些担心这样穿上身后，看起来会毫无个性，脚上就配了一双黑色的皮靴，起到收紧的作用。此时，切记不要忘了把袖口稍微堆起来、挽上去一部分，露出一点手腕来，这一穿搭细节也是让人看起来清爽利落的关键之一。

无袖衬衫

五年前在 Homspun 店里购入。它蓬松可爱，下摆微张的喇叭形曲线和稳重恬淡的色调，既不会显得过于甜腻，又可以取得一种绝佳的平衡感。与男款工装裤搭配起来，融合交织了甜美与硬朗的味道。因为相对低调的色彩，还可以跟其他单品形成和谐的平衡感，这种款型最能够使看起来平淡无奇的衬衫变得引人注目。

白色亚麻长外套

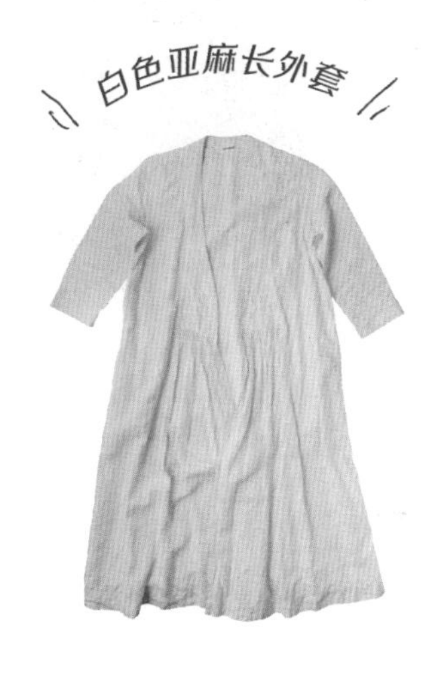

这件单品既可以作为外套穿上身，也可以在腰间系上腰带，当成衬衫裙来穿。它是三年前在 Homspun 购入的，也是件一年四季都能穿用的重磅推荐单品。搭配时尤为关键的一点是：拿来配条纹 T 恤时，要注意从袖口里露出一点条纹来。另外，裤腿也要向上卷起一些。这也是打造平衡感不可或缺的小细节。

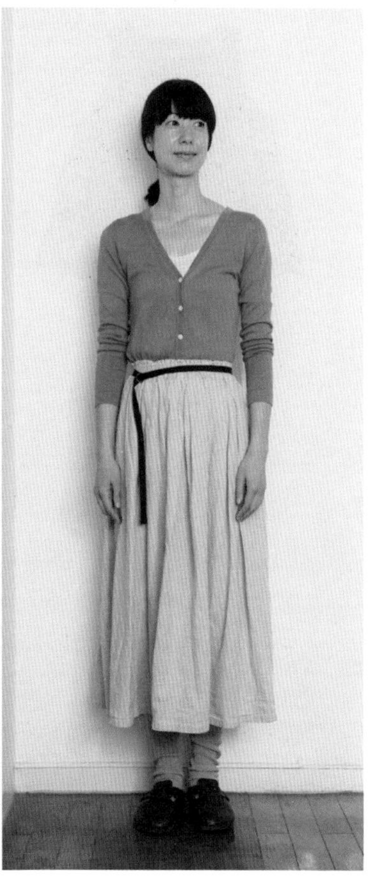

墨黑色亚麻上衣

遇到它，是在前年的FLW展会上了。当时，我跟设计师大桥利枝子本人学习了它的穿搭法之后，忍不住买了回来。系上同样面料的腰带之后，还可以当成衬衫裙来穿，这是件穿法多样的百变型实用单品。只需在牛仔裤+黑背心的简单搭配之外，再披上一件FLW长衫，就会立刻使人显得潮味十足，很是不可思议。

米色皮裙

这是在台湾开设了工作室的郑老师，即郑惠中设计的裙子。裙子面料虽然是皮料却不会显得臃肿。还可以把贴身款开衫上衣塞进去穿，打造出适当的蓬松感！再用腰带突出腰线，收紧整体。袖口处也要稍微露出一点手腕来，这也是保持整体协调的关键之一。

跟女儿共享衣物也是难得乐趣

当初搬来这栋房子时，大女儿还是个婴儿，一转眼，今年春天居然就要升入高中了。

她的个子已经跟我差不多高，我们母女俩人穿衣的码数相差无几，两个人共用衣物的机会越来越多了。

虽说小女孩喜欢的是街头风，穿搭风格跟我颇为不同，可是每每去街上购物，还是会因为母女俩可以共享的理由，把这一件衬衫那一件裤子陆陆续续地买回家。

女儿有时会穿我的衣服出门，我有时也会借用女儿的背包上街。她对那些快消时尚品牌的时装类尤其在行，一发现有什么物美价廉的东西面市，就会央求我买给她。

这样一来，我们之间的共同话题也越来越多了。俩人也常常因此可以共度一段愉快的时光。

不过，也时常有些甜蜜的苦恼，譬如，我出门前正准备找出匡威的低帮鞋来跟身上的衣服搭配，打开鞋柜却发现，鞋子早已经不见了踪影！

原来是被女儿穿出门了。这样的事情，最近越来越多。每当这时，我也只能无可奈何地穿上高帮鞋出门去了……

不过，遇到这样的意外，有时也会莫名地感到开心呢。

Journal Standard relume 的厚款 T 恤

这是一件已经反复洗过多次，亲肤感极强的厚款T恤。我穿时，会配上牛仔裤，脖子周围显得干净利落。女儿穿时，会在里面叠穿上衬衫，下面再搭上短裤。同一件衣物，母女俩的搭配方式却是如此地不同。

The North Face
卫衣夹克

很暖和的拉链式夹克。四年前，我跟女儿一起去购物时，俩人不约而同地选中了同一个颜色。方便之处就在于，不必费心思考如何搭配，唰地一下就能套上身。这件夹克可以适用于各种场合，我们俩的穿搭法也是大有不同，很是方便实用。

匡威是我家的常年固定品牌了。我们母女俩共用的匡威鞋子一共有五双，每双的颜色和款式都不同。不过，近来女儿的尺码好像又大了一些，以后大概没什么机会共用了吧。好希望她的身高也能快一些超过我啊。

匡威 ALLSTAR
运动鞋

专栏 Column

曾经尝试过种种穿衣风格

在两个姐姐的影响下，

我从少女时期起就热爱穿衣打扮

我有两个姐姐，一个大我四岁，一个大我两岁。另外，还有一个比我小三岁的弟弟。我出生于枥木县，是家中四姐弟中的三女儿。在两个姐姐的影响下，我从上小学起，就对穿衣打扮这件事特别感兴趣。那个时候，我还是个既喜欢阅读*CHAO*、*RIBBON*，也喜欢拿姐姐的*OLIVE*来翻看的少女。甚至还在上初中时，挑战过*OLIVE*杂志上的“on the 眉毛”活动哦！

大姐手里有好多衣服，她常常会把自己不穿的转给我们。上初中时，我最喜欢的穿搭风格是类似夹克搭配平光眼镜那种。偶然看到东京电视台发行的《时尚通讯》杂志

这是最爱爬树，喜欢天天在外面玩耍的幼年时期。

之后，心中不由得十分向往，于是我暗暗发誓将来要当一名时装设计师。原本已经想好了初中毕业之后就进入文化服装学院深造的。可是，又听说初中毕业还不行，所以升入了高中。

上高中之后，有一次我从栃木县到涩谷去玩。当时的目的可是单纯得很，只是想去 109 大厦里买袜子。而涩谷留给我最深刻的印象就是：在街上偶遇星探，问我要不要做 *OLIVE* 杂志的读者模特儿。就是那份我心中一直向往着的杂志哦！我还记得，在那一次之后，自己是多么忐忑不安地参加了杂志的录影活动。

这是在栃木老家。这时候，我还是个胖乎乎的小婴儿。

家里每个人都对排行最小的弟弟宠爱有加，真让我这个三姐羡慕不已啊。

年轻时，曾在穿衣打扮方面迷失了自己

高中毕业之后，再次受到姐姐的影响，我上了美术大学。因为不擅长平面构图，就选择了陶艺专业。整个大学期间，我身上穿的总是做陶艺专用的工装裤！那段时间，说到穿衣打扮，不过就是 Agnes b. 的条纹衫和系扣开衫两大巨头而已。即便约上朋友一起去酒吧里玩，也不知道自己究竟该穿些什么。尽管当时已经被星探从涩谷发掘进了模特儿事务所，却完全不清楚选秀比赛上应该穿什么样的时装出场。那可真是一段完全不了解自己风格的时期啊。

二十岁时，我遇到了现在的先生。他比我年长七岁，很快我们就住在了一起。大学毕业之后，顺理成章地结婚。不久，女儿出生了。之后，我们就搬到了现在的房子里来。

女儿刚刚出生那段时间，刚好先生的工作内容也是有关时尚方面的。因此，那段时间也是我人生当中最最疯狂购买衣服的时期了。当时，我甚至会出手买下那些根本不适合自己身材的高端品牌……尽管如今这些都已经成了难

与两个姐姐的合影。每次姿势总是固定的。

在老家附近的土地神庆典活动上，身上还穿着庆典服饰。

得的经验，却也让我意识到，那些衣服其实并不全是自己真心喜欢的。不管东西有多贵，有多稀有，能够按照自己是否需要来判断的人才够强大。

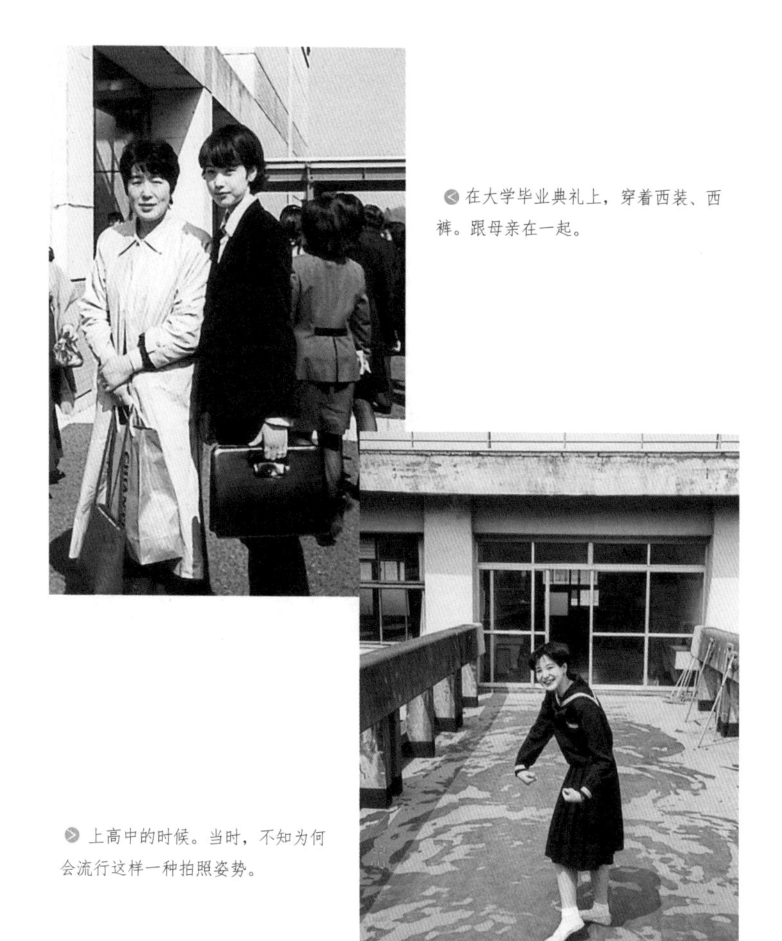

在大学毕业典礼上，穿着西装、西裤。跟母亲在一起。

上高中的时候。当时，不知为何会流行这样一种拍照姿势。

△ 与生日跟自己仅有一周之隔的表兄弟（右）一起，在 TDL。

到了现在，自己通过工作赚钱，我只会购买让自己满意的衣物。以前的衣服虽然多，但总觉得没衣服穿，现在顺手拿一件就可以出门，完全不用烦恼今天穿什么，而且还不重样。所以拥有得多并不是真正的全部拥有，所拥有的是自己喜欢之物才是真正拥有得多。没有比这样的生活方式更舒服的了。我甚至觉得，当了妈妈之后，自己又重新做回模特儿行业，也是一个相当有趣的轮回呢。

05 关于护肤彩妆

——用心打扮自己，愿你轻盈又矫健

理想的面部的护理方法，应该是细水长流、经年累月坚持做下去的。我的宗旨是不要过于勉强自己。我并不会做一些特别的护理，每天一步一步坚持基础护肤，才是至关重要的。我会给大家介绍一些哪怕随着年纪的增长，也会让人感到快乐幸福的面部护理方法、头发护理方法和身体护理方法。这些方法十分简单有效，且都是我自己日积月累实践出来的。希望对你也能有一些助益。

像爱玫瑰一样爱自己

护肤品是每天都必然要用到的物品。对于一个女人来说，最理想的状态，就是每次都能够心情愉悦地使用它们。世界上没有比快乐更能使人美丽的护肤品。

在这方面，我一般不会讲究什么护肤品一定要使用有机类的、或是无添加的那些。只是会尽量选用一些没有做过动物试验的种类。多数时候，会自然而然地选择天然类护肤品。

不过，自己还是最喜欢那些不走性冷淡风的，气味芳香的品牌。最近常用的是在 Cosme Kitchen 遇到的德国 Martina 玫瑰花系列产品。自从用了这款玫瑰花系列护肤品以后，之前很不稳定的肌肤状态居然变得十分理想，开始水润并富有弹力了。

每天清晨，不用水洗脸，直接用化妆水把整个脸颊擦拭干净之后，就开始使用 Martina 玫瑰花系列进行护肤。

这个时候，我还会顺带进行一下面部的淋巴按摩。然后快速完成彩妆，整理一下头发，整个流程就完毕了。一共大概也就二十分钟吧，并不需要花费太长的时间。

我觉得，每天的护理过程既要简单易学，又要方便坚持，这才是最为重要的。

在洗面台侧面附带的置物架上，放有每天常用的各类日化用品，包括化妆棉、化妆包、泡浴粉，等等。如果觉得买来的包装碍事，我就会把它们换装到家里的玻璃瓶内保存起来。

1

每天清晨我不会用水洗脸，而是直接用Lush的芦荟水浸湿化妆棉，将整个面部轻轻擦拭干净。自从采用了这种洗面方法之后，脸上再也不会长疙瘩了。

2

补水时，我使用Martina玫瑰花系列面部专用乳液。把乳液直接倒在手上，然后轻轻拍打面部，让乳液彻底渗透入肌肤内部。

3

把乳液倒在手里，轻轻涂在面部，用手指缓缓推开，使之充分渗入肌肤。同时，按照步骤进行淋巴排毒按摩（参照P174-175）。

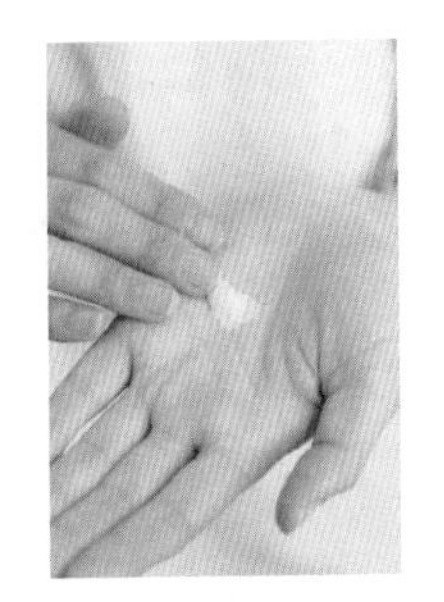

4

最后，还要涂上兼有打底效果的玫瑰花系列乳霜。用手心轻轻按压面部，让面霜彻底渗入肌肤。

淡妆—让自己更得体

基本上，平常我是不化浓妆的。有时候，化了浓妆之后，孩子们会嚷嚷说，妈妈太奇怪了。要去银行、超市、政府之类的，距我家一英里（1600m）之内的地方时，我一般就化个这样的基础淡妆，就可以直接出门了。

1

用过玫瑰花系列面霜之后，就是上粉的环节了。在夏季，我会先涂上防晒霜再上粉。近来最爱用的粉饼，是MIMC的矿物质精华保湿UV。这个粉饼质地轻柔细腻，成分纯天然，又兼有防晒效果。

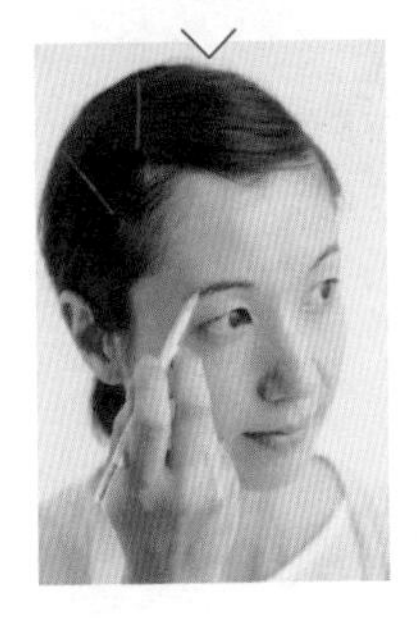

2

用眉笔画出两侧眉尾，再修整一下眉形。目前我使用的品牌是已经停产的Parado棕色眉笔。

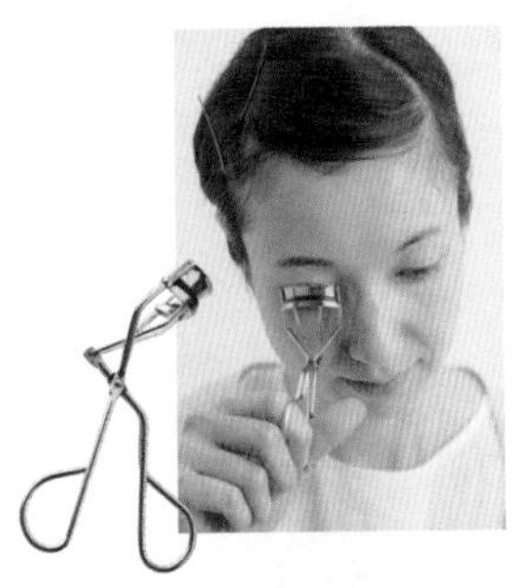

3

化不出远门的淡妆时，我一般不会化眼妆。只需用The Make Up #2睫毛夹把睫毛稍稍卷一下。睫毛膏也不用涂，基本保持自然状态。整体给人一种清新自然的感觉。

4

最后，把MAC的裸色唇膏直接又随性地涂在唇上，整个淡妆步骤完成。我购入的这一款口红是MAC的裸色款，十分好用。

彩妆—美貌是女人的权利

要搭乘公共交通，与许多人正式见面的时候，彩妆就要化得认真一些了！按照距离来讲，应该就是去涩谷、银座之类的闹市区一带吧。这些时候，就要在前面淡妆法的基础上，再加上眼影、眼线，让眼周看起来更加分明。

1

一般使用渐变的裸色系眼影。在眼窝处整体刷上薄薄一层裸色，在眼尾处刷上棕色之后，再轻轻晕开。基本上，我常用的，都是一些易与肤色融为一体的颜色。

2

眼线笔我一般会使用液体型。先细细画出眼线，切记要把睫毛间的空隙全部填满。最后，再稍微将眼角处拉长一些，眼妆到此结束。

3

打腮红时，可以直接使用嘴唇上涂的口红。这是我当初刚进入模特儿圈的时候，化妆师教给我的一条秘籍。用这种方式打出来的腮红，看上去毫无突兀感，能够与脸部自然融为一体。

日常发式一样很出彩

简简单单扎个马尾即可。关键的一点是，扎的时候一定要记得用侧面的头发盖住耳朵。采用这种半遮盖耳朵的扎法，可以恰到好处地打造出稳重与干练的感觉来。马尾的高度一般跟嘴巴的高度差不多即可。有时，我也会用到发圈之类的头饰，但一定要是不加任何装饰的状态。

Back

橡皮圈可以选择适合的大小。也可以用偏细一些的橡皮圈两根套在一起扎在头发上。这样扎起来会更加牢固，不论是马尾，还是丸子头，都可以长时间保持美观的状态。

在给自己做发型之前，先将柳屋的杏油涂在整个头发上，轻轻揉匀。这样护理一段时间，就会使头发自然发出乌黑闪亮的光泽来。原本极易毛糙和贴附头皮的头发，也会变得格外柔顺听话起来。

日常的护发和定型，我全都依靠这小小一瓶纯天然成分的发油。虽然号称是油，却丝毫没有黏腻感！

柳屋总店出品的杏油

每天清晨，可以根据头发当时的状态，临时决定当天是放下来好，还是扎成丸子头更合适。前一段时间，因为头发老是毛躁打卷，不能达到最佳状态，我苦恼了许久。试用了各种各样的定型水、定型液之后，我感觉效果最棒的，还是这款柳屋出品的杏油。有时候还会把它当作出浴后的润肤露来使用。拜这款发油所赐，我现在的头发质感超级棒！

把头发比平常扎得稍高一些，就成了时下流行的丸子头。发梢一般不用橡皮圈扎起，而是采用绕成圈的传统发型。这种时候就要把耳朵露出来，可以让人显得更加利落干练。刘海一般每两个星期我会拿着剪刀对着垃圾桶剪一次。尽管是自己在家里背着人偷偷剪的，却老是被发廊里的发型师发现。

每天坚持的按摩流程

在每天都要进行的早晚护肤过程中，我会顺带做一系列的按摩。最初是按照书上教的步骤方法，认认真真进行美容按摩。习惯成自然之后，就慢慢演变成了自创的按摩流程。现在，已经完全固定成了香菜子的独门按摩手法了。按摩时，我一般不使用专门的工具，只依靠食指第二关节不断用力，进行面部排毒。

这个按摩的手法和流程，一直坚持到了现在，已经差不多有五年了吧。有时候，偶尔忘记按摩，自己都会觉得好像有哪里不舒服。整套按摩流程全部完成之后，面部就会得到充分放松，整个人都感觉舒畅痛快得很。

前额眼周

按摩面部时，肌肤如果得不到充分的润滑，就会造成额外的负担。所以，务必要擦上乳液或按摩油之后，再进行按摩操作。首先，从前额中央处向太阳穴处开始画圈。切记避开眼球周围，用手指轻轻沿着骨骼一步一步画圈。

眼下两颊

从两眼之间鼻根附近开始，经过两侧颧骨部分带向太阳穴。手指再稍微向下带至耳垂附近。再从鼻翼向耳垂方向不断画圈。之后，手指再顺势从脖子推至锁骨处。

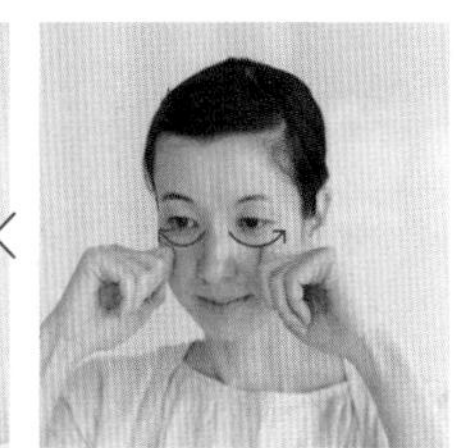

唇周下颚

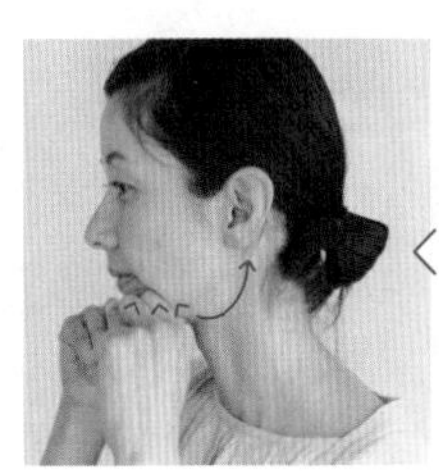

以鼻子下面中央的人中穴为起点，上下进行按压。手指顺势带至耳朵下方处，再经过脖子推至锁骨处。用食指和中指夹起下颚的骨骼，将之提拉至耳垂附近，再经过脖子推至锁骨处。

耳下锁骨

把面部的毒素用手指全部推至耳朵周围，再经过脖子推至锁骨处。最后再轻轻按一按耳朵周围。再一次经过脖子推至锁骨处，锁骨上面也要向外侧推按一下。整个按摩流程就此结束。

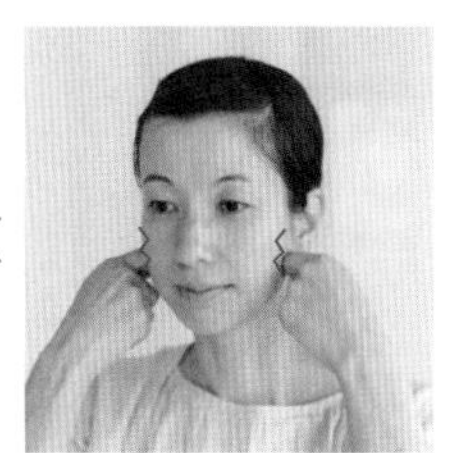

身体的护理也不能松懈

锻炼是一个能带来全面改变的关键习惯。若用不健康的方式生活，任何化妆术都无济于事。所以，我一直坚持练习普拉提，回头一想，已经有三年多时间了。时常会在自家附近的普拉提培训班上上课。一个人在家时，我会使用泡沫轴进行以伸展为主的普拉提，这样做也是为了刺激平常不太锻炼得到的肌肉群，让整个身体复苏起来。泡沫轴本身也具有按摩效果。所以，在练完之后，全身上下都非常有放松感！通常，我会一边深呼吸，一边坚持一小时动作不停。偶尔也会一面看着电视按摩一下后背，一面练习普拉提的动作。

首先锻炼一下后背

把伸展用的泡沫轴顺着后背放在地板上，就能感觉到自己脊柱的弯曲。两臂缓缓上举，用两侧肩胛骨夹住泡沫轴。此时两脚稳稳着地。后背会感觉十分舒适，据说对腰痛也很有效。

一步步做前屈动作

开始动作：整个臀部稳稳坐在地板上，注意两腿不要交叉起来，将两个脚跟线并拢在一起。泡沫轴放在脚尖上，一边将轴滚向前方，一边做出前屈动作。同时，切记不要忘了呼吸！

拉伸身体两侧的韧带

按照图中所示坐下，把泡沫轴向右侧外方滚动。在身体快要倾倒之际，左手也要随之一起倒下，同时做深呼吸。左右两侧都要各做一遍，对身体两侧的韧带进行彻底拉伸。

1

2

3

4

腹肌也要同时得到锻炼

首先仰卧，双手交叉置于头后。将泡沫轴缓慢滑动至肩胛骨处，同时，身体上下移动。此时，切记臀部一定要悬空，不能贴在地板上面。经常练习这个动作，对按摩后背和腹肌都很有效果。

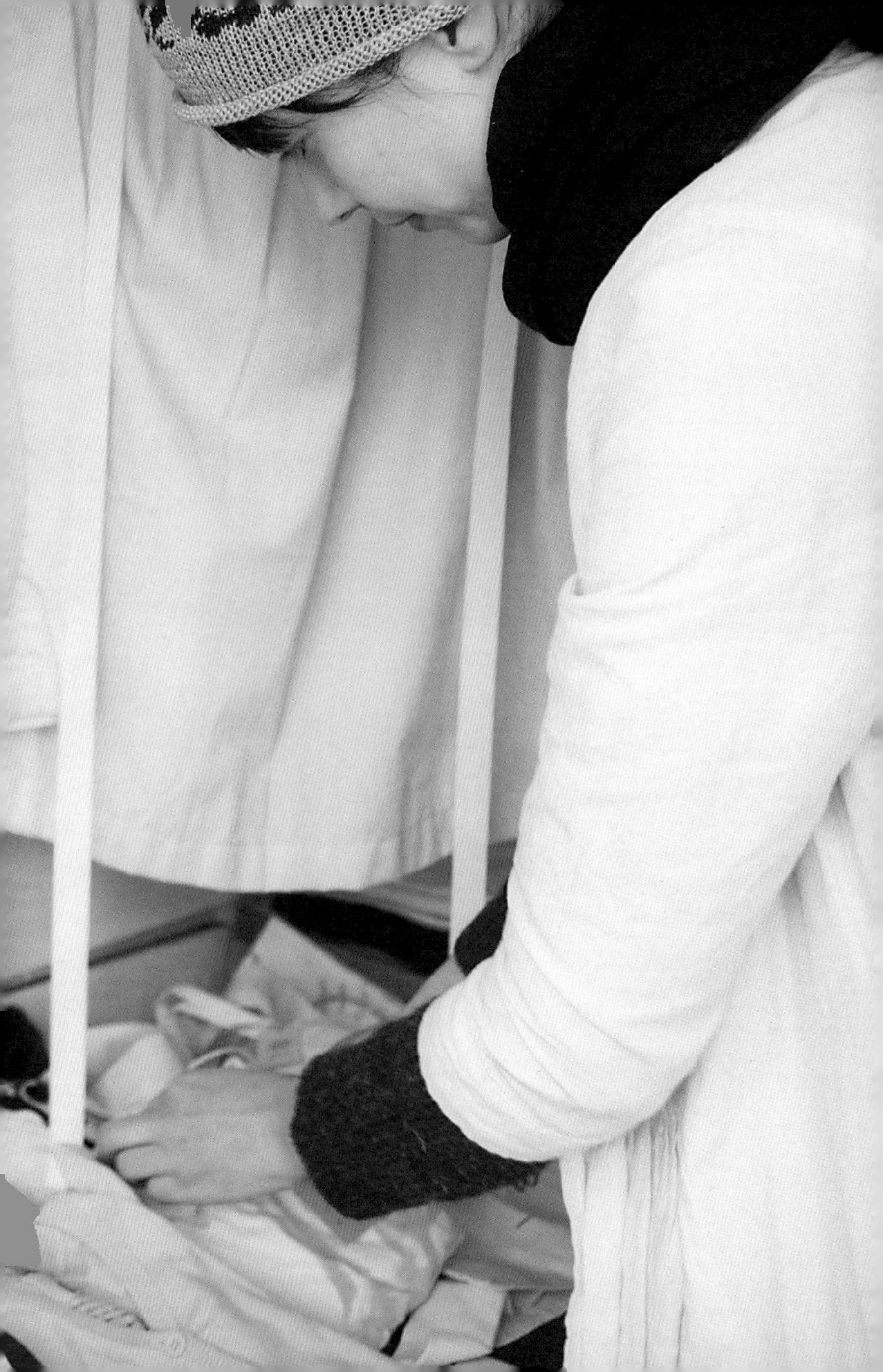

结束语

每天清晨五点三十分，床头的闹钟就会叮铃铃响起。之后，我还要在床上翻来覆去，舒服地滚一小会儿。

五点四十五分，起床。首先把热水烧上，换好衣服，系上围裙，开启一天的开关。叫醒女儿和儿子，等两个孩子吃好早饭，把他们送到学校。

接着，跟先生一起吃完早餐，送他出门，然后一口气把日常的清理打扫，以及洗洗涮涮等家中杂务完成。

上午，我一般会在工作间里处理财务或是邮件等案头工作。下午，往往会跟人碰面，或者做些以设计、制作等手工内容为主的事儿。下午五点左右，结束一天的工作，开始准备晚餐。

准备晚餐的时候，孩子们就陆陆续续从学校回来了。听听孩子们聊聊今天学校里发生的趣事，查看一下学校发放的资料。检查一下孩子们的作业，沐浴，更衣。

晚餐通常在七点半左右。大家围坐在一起，开开心心地享用美食！做完收拾碗筷、洗澡、洗洗涮涮，和准备第二天的便当之类的家务以后，时针就差不多指向半夜十二点了。

就是这样平平常常的一天，过去了。像这种平凡的日子，在人生当中，是最多的，也是最长的。而在我们生活中，那些所谓“隆重”的日子、“玫瑰色”的日子，其实是少之又少的。

当然，也正是因为有了那样的日子，我们才会每天努力着。在绝大多数平淡无奇的日子里，我们应该怎样快乐而充实地度过……这件事情是我一直都在努力的。

珍惜自己，才会有每一天的生活。如果这本书能成为您生活里的一个转折点，哪怕其中只有一两个小小的创意与巧思，能让您有试试看的想法，我都会感到无比开心的。

香菜子

INDEX

介绍一下本书中穿过的衣物。但全都为个人私物，很多都是旧衣，基本已经不再有售了。请勿向商家咨询。

P.6,10及其他

Note et Silence 的衬衫、Homspun 的半裙、杂货店淘回来的围裙

P.2, 69

Private Stage 的套头毛衣、Lota Product 的围裙

P.172

Note et Silence 的套头毛衣

P.126

FLW 的亚麻外套、Margret Howell 的长裤、Fog linen work 的袜子、Birkenstock 的鞋

P.8、139及其他

无印良品的开衫、Agnes b. 的条纹T恤、A.P.C. 的长裤、Note et Silence 的围巾、匡威的运动鞋

P.9及其他

FLW 的亚麻外套、MUJI Labo 的灰色套头毛衣、Agnes b. 的半裙和靴子、llo 的布艺包

P.7

Agnes b. 的条纹T恤、Urban Research Doors的牛仔裤、Bleu Bleuet的帽子、Homspun的袜子、Birkenstock的鞋

P.146

Frapbois的针织衫、Joe’s的牛仔裤、Raw Fudge的运动鞋

P.146

Homspun的夹克、Petit Bateau的V领毛衣、Agnes b.的半裙和靴子

P.150

FLW的亚麻外套、无印良品的黑T恤、LEE×American Rag Cie的牛仔裤、Bleu Bleuet的帽子、Gap的凉鞋

P.133

Miumiu的开衫、Urban Research Doors的长裤、Beams Boy的袜子、滞销款复古风系带鞋

P.135

Note et Silence的衬衫和半裙、Agnes b.的靴子

P.150

无印良品的开衫和白色针织衫、Jen老师的半裙、兔子会的袜 子、Birkenstock的鞋、自制腰带

P.148

Homspun的无袖衬衫、Journal Standard的开衫、MHL的长裤、Tatami的凉鞋

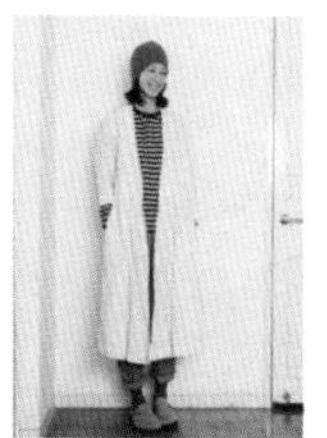

P.148

Homspun的白色亚麻外套、Agnes b.的条纹T恤、Fog linen work的长裤、靴下屋的袜子、Birkenstock的鞋

P.17、108

Agnes b.的条纹T恤、Fog Linen Work的长裤、兔子会的袜子

P.46

无印良品的开衫、Agnes b.的条纹T恤、A.P.C.的长裤、Note et Silence的围巾、匡威的运动鞋

P.36

FLW的亚麻外套、MUJI Labo的灰色套头毛衣、Agnes b.的半裙和靴子、llo的布艺包

P.70

MUJI Labo的套头毛衣、United Arrows的长裤

P.72

Agnes b. 的条纹T恤、Homspun的长裤

P.72

Agnes b. 的套头毛衣、Joe’s的牛仔裤

P.71

Mads Norgaard的开衫、FLW的长裤

P.71

Agnes b. 的连衣裙、无印良品的打底裤

P.71

Journal Standard的开衫、Note et Silence的亚麻T恤、Homspun的长裤

P.162

Journal Standard 的开衫、FLW 的针织衫

P.123

Homspun 的连衣裙

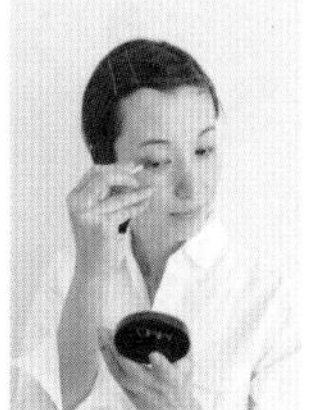
P.171

EEL 的衬衫

P.178, 179

在伊势丹买的连帽卫衣、Zara 的长裤

P.173

Private Stage 的套头毛衣

P.84 ~ 91

Johanna Ho 的外套、Note et Silence 的围巾、Journal Standard 的长裤、llo 的包包

图书在版编目（CIP）数据

美好生活手帖：用细节把日子过成诗 /（日）香菜子著；李力丰译 .—北京：北京时代华文书局，2019.8（2023.5 重印）
（原点·家事生活美学系列）
ISBN 978-7-5699-3102-0

Ⅰ．①美… Ⅱ．①香… ②李… Ⅲ．①生活—知识 Ⅳ．①TS976.3

中国版本图书馆 CIP 数据核字（2019）第 138285 号

北京市版权局著作权合同登记号 图字：01-2018-3435

美好生活手帖：用细节把日子过成诗
MEIHAO SHENGHUO SHOUTIE：YONG XIJIE BA RIZI GUOCHENG SHI

著　　者 | （日）香菜子
译　　者 | 李力丰

出 版 人 | 陈　涛
选题策划 | 陈丽杰
责任编辑 | 陈丽杰
装帧设计 | 程　慧　孙丽莉
责任印制 | 訾　敬

出版发行 | 北京时代华文书局 http://www.bjsdsj.com.cn
北京市东城区安定门外大街 138 号皇城国际大厦 A 座 8 层
邮编：100011　电话：010-64263661　64261528
印　　刷 | 河北京平诚乾印刷有限公司　010-60247905
（如发现印装质量问题，请与印刷厂联系调换）
开　　本 | 880 mm×1230 mm　1/32　印　张 | 6　字　数 | 80 千字
版　　次 | 2019 年 10 月第 1 版　印　次 | 2023 年 5 月第 4 次印刷
书　　号 | ISBN 978-7-5699-3102-0
定　　价 | 49.00 元

美好生活手帖

用细节把日子过成诗

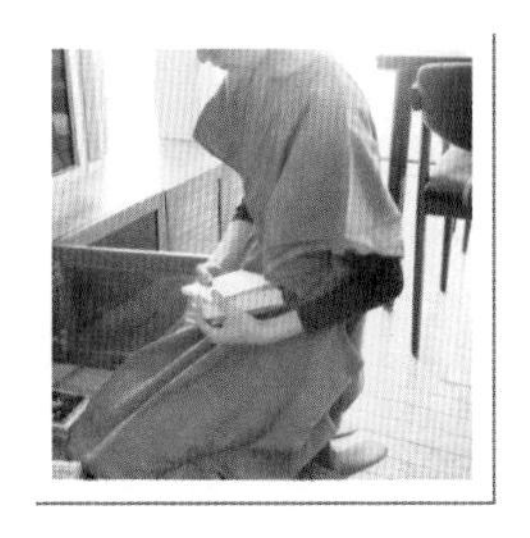